数据分析
方法论和业务实战

陈友洋 著

电子工业出版社
Publishing House of Electronics Industry
北京·BEIJING

内 容 简 介

数据分析的精髓在于能够利用合理的数据分析方法来解决实际的业务问题，本书介绍了数据分析常见的思维和方法，并且呈现了这些分析方法在实际案例中的应用。同时也利用本书解答了大家对于想要从事数据分析行业的一些担忧和困惑。阅读本书，你会对数据分析的工作内容有更清晰、完整的了解，同时对常见的业务问题处理的方法和经验有质的提升。

图书在版编目（CIP）数据

数据分析方法论和业务实战 / 陈友洋著. —北京：电子工业出版社，2022.6
ISBN 978-7-121-43536-2

Ⅰ.①数… Ⅱ.①陈… Ⅲ.①数据处理 Ⅳ.① TP274

中国版本图书馆 CIP 数据核字（2022）第 091136 号

责任编辑：石 倩
印　　刷：中国电影出版社印刷厂
装　　订：中国电影出版社印刷厂
出版发行：电子工业出版社
　　　　　北京市海淀区万寿路 173 信箱　　　邮编 100036
开　　本：720×1000　1/16　印张：13.5　　字数：260 千字
版　　次：2022 年 6 月第 1 版
印　　次：2022 年 6 月第 1 次印刷
定　　价：79.00 元

凡所购买电子工业出版社图书有缺损问题，请向购买书店调换。若书店售缺，请与本社发行部联系，联系及邮购电话：（010）88254888，88258888。
质量投诉请发邮件至 zlts@phei.com.cn，盗版侵权举报请发邮件至 dbqq@phei.com.cn。
本书咨询联系方式：（010）51260888-819，faq@phei.com.cn。

前 言

本书缘起

前几年我就在公众号"渔好学"中更新数据分析相关的文章，想把自己这些年的工作经验总结一下，希望可以给想要从事数据分析的人员提供一些帮助。但是公众号的文章比较零散，对于想要系统学习数据分析的人来说不太方便。

所以，我写了这本书，希望可以把数据分析的知识系统性地分享出来，能够真正给想要从事数据分析的人一点帮助。

本书特色

本书和市面上常见的某些数据分析图书不一样，某些书可能对数据分析方法没有详细的介绍，导致很多读者在看完某些书之后，遇到实际的业务问题时仍然不知道如何分析。

我觉得数据分析最重要的就是能够解决业务的痛点，能够把业务问题转化成数据分析可以解决的问题，然后用相应的数据分析方法去解决。无论是在实际工作中还是在面试时，都经常会遇到需要解决的问题。

所以，本书利用互联网公司中实际遇到的数据分析案例，配合数据分析的方法论，讲述完整的分析步骤和思路，给读者呈现在互联网公司中，数据分析师是如何工作的。

本书读者定位

考虑到本书的读者可能会有不同的数据分析的基础，所以本书在第1章和第2章介绍了数据分析的基础知识，包括什么是数据分析、数据分析常见的分析步骤等，内容由浅入深，方便零基础的读者学习。

另外，对于想要从事数据分析行业的读者来说，在数据分析的前景和工作内容上都有很多疑问，本书也单独对这些内容做了解答，对于数据分析常见的面试问题做了详细拆解，为大家在面试数据分析师时提供更多的准备。

所以，如果你想要从事数据分析工作，但是不知道如何开始，请一定要好好读完本书。

致谢

感谢我的家人，感谢他们的默默付出，让我有更多的时间可以打磨本书，为大家输出高质量的内容。

感谢电子工业出版社的石倩、张慧敏两位编辑，她们对书稿进行了细致、认真的修改，让本书的内容可以更加完善。

作　者

目　录

第 *1* 章

数据分析基础

本章主要介绍什么是数据分析，以及一个完整的数据分析流程包含哪些步骤，方便读者对数据分析有一个更加全面的了解。

1.1　什么是数据分析

在数据分析越来越火爆的时代，越来越多的人开始学习数据分析，希望掌握数据分析技能，从而利用数据分析技能解决实际问题。

对产品经理来说，学习数据分析可以分析用户的活跃行为、用户的留存行为、用户的付费行为。通过分析用户的这些行为，可以更好地了解用户下载APP后的使用情况，帮助产品经理进行产品功能迭代的决策。

对销售人员来说，可以从海量的数据中挖掘出有价值的信息，比如，什么样的用户是我们的目标用户，怎么提高销售转化率等。

对教育机构的运营人员来说，可以分析学生上课的数据情况，以及每一个课程的销售数据，从而发现现有课程的设置问题，并挖掘潜力课程，为学生提供更加适合的课程。

对从事财务工作的人员来说，也需要经常和数据打交道，怎么运用数据分析的技能，帮助我们发现财务数据背后有价值的信息，并提高财务人员的工作效率。

对设计师来说，除了基本的设计灵感，也需要从现有的数据中挖掘用户行为的规律。比如，从用户的点击行为数据，可以发现一些无用的按钮；从A/B测试中挖掘用户对不同的设计颜色及样式的偏好，从而为设计的科学性决策提供依据。

对管理层来说，面对公司经营的多个数据指标，如何选择合适的指标评估公司经营的健康度，以及如何快速发现数据背后的问题，并采取对应的解决策略。

那么，什么是数据分析呢？

百度百科中写道：数据分析是指用适当的统计分析方法对收集来的大量数据进行分析，将它们加以汇总和理解并消化，以求最大化地开发数据的功能，发挥数据的作用。数据分析是为了提取有用信息和形成结论而对数据加以详细研究和概括总结的过程。

简单来说，数据分析就是利用数据采取一定方法获取洞察，发现问题和潜在机会，并驱动产品改变和提升的完整过程。

针对百度百科的内容，笔者总结了数据分析完整的流程图方便读者理解，如图1-1所示。

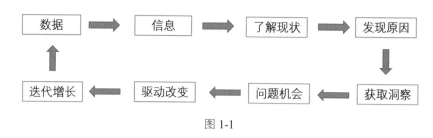

图 1-1

这里有3个关键点。

第一个关键点是数据。要进行数据分析必须有大量的数据，这是数据分析的基础。

什么是数据呢？数据是由指标组成的，指标主要分成两种，一种是绝对值指标，一种是比率型指标。

- 绝对值指标即数字型的指标，比如，某电商APP的活跃用户数为1亿人，每天下单人数为3000万人，每天浏览商品人数为8000万人，每天成交金额为30亿元等。

- 比率型指标是指百分比的指标，比如，某电商APP的下单转化率为50%、搜索渗透率为80%、支付失败率为5%等。这些比率型指标是基于几个指标计算得出的，比如，下单转化率=下单的人数/活跃的总人数。

第二个关键点是数据分析的过程。拿到一份数据后，从哪里开始分析？应该分析什么？用什么方法分析？怎么提取核心结论？这也是很多读者在面试中会面临的问题。

我们需要专业的数据分析思维和方法来进行分析（见图1-2），数据分析方法指的是用于解决数据问题所用的思维及对应的手段。

图 1-2

常用的数据分析思维和方法有：5W2H分析法、漏斗分析法、相关性分析法、对比细分分析法、麦肯锡逻辑树分析法、用户画像分析法、Aha时刻分析法、RFM用户分群等，这些方法会在第4章进行详细讲解。

例如，我们拿到的数据是某电商APP下单转化率降低了20%，那么这个下降了20%就是数据呈现出来的业务现状，我们需要通过分析去发现原因，获取洞察。

我们可能会进行如下分析。

通过漏斗分析对下单的环节进行拆解、量化，分析下单的转化率是在哪一个环节中降低比较多；通过用户画像分析，分析转化率低的用户群体的特征，如，集中在哪一个年龄、性别、地域等特征；通过麦肯锡逻辑树分析法，可以分析完整的结构维度，如图1-3所示。

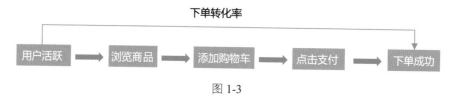

图 1-3

第三个关键点是数据分析的结果。数据分析的目的在于最大化数据的价值，就是希望通过分析挖掘，定位出问题的原因，并且给出相对应的结论。

数据分析的结论要保证是从数据分析的过程中得到的，不要加入个人经验的判断，因为这样很难保证数据分析结论的严谨性。

还是上面那个例子，假如我们发现下单转化率降低主要是由于用户活跃到浏览商品这一个环节所引起的，那就可能是用户不喜欢我们推荐的商品，或者用户搜索不到他想要的商品。我们可以给业务方提出建议：有针对性地优化推荐的结果或者搜索的结果，从而提升这个环节的转化率，也就是图1-1所说的驱动改变、迭代增长。

驱动改变描述的就是利用数据来驱动产品功能的改变；迭代增长说明产品的功能优化是需要不断迭代的，这样才可以带来用户增长。

1.2　为什么要做数据分析

我们发现，越来越多的公司开始重视数据分析，开始招聘数据分析师。

那么，数据分析对公司和企业有什么作用呢？这里以互联网公司为代表，数据分析的作用主要有4个，分别是分析原因、评估效果、产品迭代、用户增长，如图1-4所示。

图 1-4

1. 分析原因

在互联网企业中，产品经理经常会遇到的问题是，需要分析用户活跃度降低的原因、销售收入降低的原因、用户留存率降低的原因，这些问题都需要用数据分析方法进行多维拆解、对比分析，从而找到具体的原因。

以分析销售收入下降的原因为例，假如我们现在遇到某个电商APP的销售收入下降了，需要通过数据分析定位问题，应该怎么去分析呢？

如图1-5所示，我们可以先拆分销售收入，销售收入= 客单价 × 付费用户数。

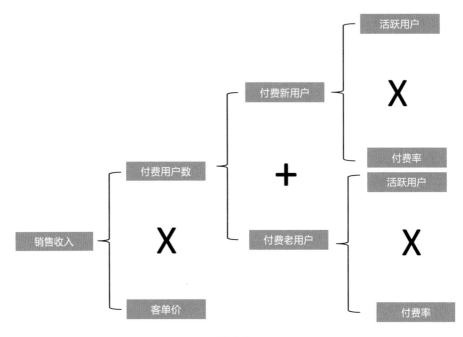

图 1-5

销售收入下降是因为付费用户数减少还是因为客单价下降了。假如是付费用户数减少了，我们可以进一步对用户进行拆分，将付费用户数拆分为付费新用户和付费老用户。付费新用户指的是最近某段时间内首次付费购买产品的用户，付费老用户是指之前付费购买产品的。

假如是付费新用户数减少了，那我们可以把付费新用户进行拆分，付费新用户 = 活跃用户×付费率，这里的活跃用户是指之前没有付过费的用户，就可以对比是因为活跃用户数减少了还是付费率降低了。

假如是活跃用户数减少了，就需要分析为什么活跃会降低，是不是因为特别的节日或者产品功能的问题。

假如是付费率降低了，就需要分析引导和促进付费的功能，或者活动是否出现问题。

2. 评估效果

以某打车APP为例，APP需要经常向用户发放不同金额的优惠券，以促进用户使用打车功能，所以需要提前评估这种优惠券投放的策略是否有效。

数据分析可以通过核心指标的变化来评估不同策略的效果。评估优惠券策略是否有效的主要核心指标有用户打车次数、用户打车的金额、人均用户打车金额等，我们需要评估这些指标是否有提升。

通过数据分析，还可以科学地评估为不同用户发放多少金额的优惠券，保证以最少的成本促进用户的打车行为。

通过数据分析，还可以科学地评估优惠券对哪些用户群体的打车行为的促进作用最为明显。

评估效果还有很多其他的应用，比如，运营活动、推送活动、推荐算法策略等迭代；搜索排序策略、银行风控策略、流失用户挽留策略等的评估。

3. 产品迭代

互联网的产品功能处在一个快速迭代的阶段，每一个版本都会优化旧功能，并增加新功能。

以微信为例，微信表情包在2021年有一次迭代，从静态的表情改成动态的效果，现在我们需要针对这次产品迭代进行数据分析，来分析这次改版对于表情功能的效果。

如何分析呢？首先分析整体的效果，通过发表情的个数、发表情的渗透率、发表情的次数等指标的变化来评估整体的改版效果。

对于不同类型的用户，表情功能的迭代可能会有不同的效果，所以还要进行用户细分，再评估效果，可以分析出微信表情功能的这次改版在每一个特定人群中的效果，可以有更深入的洞察。

按照发表情次数的活跃程度，我们可以将用户群体分为低活跃、中活跃、高活跃3类。然后比较功能改版前后发表情的次数、个数等变化，就可以对比出功能改动对不同类型用户的影响。

按照不同热度的表情，可以分析出不同热度的表情在改版前后的传播效果的差异，这样的分析可以知道改版对哪类表情的传播有促进作用，对哪类表情的传播可能有不好的影响。

除了需要评估对表情本身功能的影响，还需要评估对其他功能的影响，比如，表情的改版对发消息行为的影响，是否因为表情的动态效果让用户更爱发消息。表情包一直以来都可以帮助用户更好地表达情绪。

4. 用户增长

数据分析在互联网公司的用户增长中发挥着重要的作用。用户增长的典型模型是AARRR，如图1-6所示。

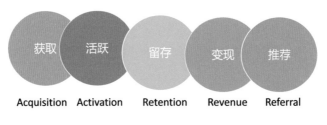

图 1-6

（1）用户获取：用户获取是指利用外部渠道投放广告、用户推荐、大V转发等进行用户获取，数据分析在这个环节可以帮助我们评估每一个投放渠道获取用户数量、质量、成本，帮助我们制定投放决策，以及分析从广告触达到下载环节的转化率，得出转化率低的环节。

在用户获取环节，数据分析师需要了解的常用评估指标如下。

- 渠道曝光量：有多少人看到了推广的产品。

- 渠道转换率：有多少人因为曝光转化成为用户。

- 日新增用户数：日新增用户数是多少。

- 日应用下载量：每天有多少新用户下载了产品。

- 获客成本（CAC）：获取一个用户所花费的成本。

- 收入：每天的新用户的人均付费次数、付费金额、付费率（付费的
  人数/总人数）。

- 渠道质量指标：CTR（点击率）、激活率、安装率、CPA（每用户
  成本）、LTV（用户生命周期价值）、1次/1日用户量、用户使用
  时长、留存率、付费率、ARPU（平均每用户收入）。

（2）用户活跃：用户在APP中的活跃行为，当我们引导用户下载APP
后，怎样让用户持续活跃地使用APP，因此，需要分析用户的行为规律，
通过数据洞察哪些功能的优化可以提升用户的活跃，以及我们可以使用哪
些策略，比如，提醒、推送等提高用户的活跃度。

分析用户活跃度常用的评估指标如下。

- 日活跃用户数（日活）：一天之内，登录或使用了某个产品的用户
  数。

- 活跃率（活跃用户占比）：某一段时间内活跃用户在总用户中的
  占比。

- PV：APP的浏览次数。

- 时长：APP的使用时长。

（3）用户留存：留存就是用户可以持续地留在我们的APP中。涉及的
典型的数据分析方法就是去分析留存的关键影响因素，以及留存的Aha时

刻的挖掘，这在第3章的数据方法论中会展开介绍。

用户留存常用的评估指标如下。

- 次日留存率：首日活跃的用户在次日留存的比例。

- 三日留存率：首日活跃的用户在三日留存的比例。

- 七日留存率：首日留存的用户在七日留存的比例。

相对应的，提高用户留存的策略有以下4种方式。

①有效触达，唤醒用户。是指通过手机短信和微信公众号等能够触达用户的方式，唤醒沉睡用户启动APP，这是提升用户留存非常有效的方法之一。例如，通过短信召回游戏老用户。召回肯定是有成本的，所以要根据用户以往行为进行分析，找到召回率最高的那部分用户（如采用RFM模型分析后定为核心用户）。

②搭建激励体系，留存用户。好的激励体系，可以让平台健康持续地发展，让用户对平台产生黏性，对提升用户留存率非常有效。通常使用的激励方式有成长值会员体系、签到体系、积分任务体系。

③丰富内容，增加用户在线时长。游戏产品一般会增加各种玩法，吸引用户投入时间成本，游戏又不断强化社交属性，更增加用户黏性，减少成本投入。

④数据反推，找到你的关键节点。例如，在知乎平台，一般评论超过3次的用户，较易留存；有些游戏产品，一旦玩家跨过某个等级就很难流失。这些都是需要通过数据分析才能找到的关键节点。

（4）用户变现：用户变现是指利用用户来产生收入。我们的最终目的是希望用户在稳健增长的同时提高收入。那么就需要通过数据分析什么样的因素或者行为可以促进用户付费，不同付费金额、不用付费频次的用户，有什么差异。通过漏斗分析付费功能的转化过程，挖掘流失严重的页面。

用户付费常用的评估指标如下。

①客单价：每位用户平均购买产品的金额。客单价=付费总额/用户数。

②PUR：付费用户占比。

③ARPPU：某段时间内，付费用户的平均收入。

④ARPU：某段时间内，总用户的平均收入

⑤LTV（Life Time Value）：用户的终身价值或用户生命周期价值（这两种表述都可以）。

⑥复购率：一定时间内，消费次数两次以上的用户数/总购买用户数。

⑦付费金额：用户在APP内付费的总金额。

（5）用户推荐：例如，拼多多的增长活动设计大部分是为了引导用户传播，核心其实是针对价格敏感用户，用优惠+砍价、拼团等产品机制，引导用户传播至微信群、朋友圈，从而完成自传播、拉新、付费激活等一系列动作。

用户推荐的核心指标如下。

①转发率：在某功能中，转发用户数/看到该功能的用户数。

②k因子：用于衡量推荐的效果，以及一个发起推荐的用户可以带来多少新用户。

k因子=每个用户向他的朋友发出的邀请数量×接收到邀请的人转化为新用户的转化率。

当$k>1$时，用户群就会像滚雪球一样增大；当$k<1$时，用户群到某个规模时就会停止通过自传播增长。

1.3 数据分析的步骤

数据分析从发现问题到运用方法去解决问题有一个完整清晰的过程。

作为数据分析师，清晰了解数据分析的步骤是非常重要的，有助于清楚地把控整个数据分析的流程。

作为想要学习数据分析的人员，只有了解数据分析的流程，在面对数据分析问题时，才能知道如何去开展。

那么，数据分析流程包含哪些环节呢？

一次完整的数据分析流程主要分为6个环节，包括明确分析目的、数据获取、数据处理、数据分析、数据可视化、总结与建议，如图1-7所示。

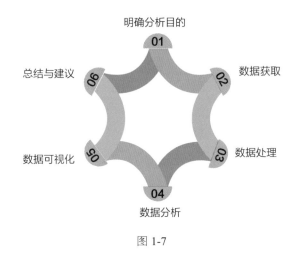

图 1-7

1. 明确分析目的

做任何事情都有其对应的目的，数据分析也是如此。每一次分析前，都必须要先明确做这次分析的目的是什么。只有先明确了目的，后面的分析才能围绕其展开，常见的数据分析目标包括以下3种类型。

（1）指标波动型：主要是针对某个指标下降、上涨或者异常所做的分析，比如，DAU（日活跃用户数）降低了、用户留存率降低了、电商平台的订单数量减少了、销售收入降低了。分析的主要目的是挖掘指标波动的原因，及时发现业务的问题。这里的关键是要量化指标下跌的原因，比如，总的指标下跌有多少是A原因引起的，有多少是B原因引起的。

（2）评估决策型：主要是针对某个活动上线、某个功能上线、某个策略上线的效果评估，以及对下一步迭代方向的建议。这些建议是指导产品经理或者其他业务方决策的依据，所以数据分析对应的结论产出不能局限于发现什么，而是要告诉业务方怎么做、方向是什么。

（3）专题探索型：主要针对业务发起的一些专题进行分析，比如，增长类的专题分析，怎么提高用户新增、活跃、留存、付费；体验类的专题分析，如何提高用户查找表情的效率；方向性的探索，微信引入视频号功能的用户需求分析以及潜在机会的分析。

2. 数据获取

明确了数据分析的目的之后，就是根据我们的分析目的，提取相对应的数据，通常这个环节是利用 Hive SQL 从数据仓库中提取数据。

在提取数据时，通常要注意提取的维度和对应的指标个数。以电商APP的付费流失严重为分析案例，我们需要提取的维度和指标可以根据具体的业务流程来制定（见图1-8）。

图 1-8

（1）维度（见图1-9）

我们需要确定好维度。

时间维度，确定提取的时间跨度，例如，今天的数据和昨天的对比，就是提取两天的数据。

设备维度，确定是否需要区分iOS和安卓平台，对不同平台的用户进行对比，以分析付费流失严重是否主要发生在某个平台。

年龄、性别、地域维度，提取这些维度信息，主要是为了确定在哪一个年龄层、哪个性别、哪个地域的用户流失最严重。

新老用户维度，主要从新旧维度上分析流失严重是集中在新用户还是老用户。

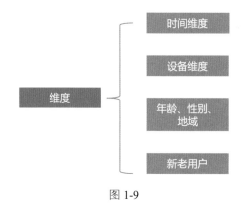

图 1-9

（2）指标

确定好维度以后，接下来就是指标信息，维度 + 指标才是一个完整的数据。根据图1-9，我们可以把指标信息概况为如图1-10所示。

因为需要分析每一个环节的流失情况，所以需要提取下单的每一个环节对应指标的人数和次数。基于这些人数和次数，我们可以计算每一个环节之间的转化率。

活跃浏览比 = 浏览的人数/活跃的人数

浏览添加比 = 添加的人数/浏览的人数

添加下单比 = 点击下单人数/添加购物车人数

成功下单率 = 成功下单的人数/点击下单的人数

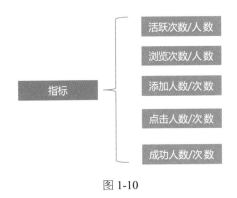

图 1-10

3. 数据处理

当我们知道应该从哪里获取数据，以及获取哪些指标数据后，为了保证数据质量，通常要对数据进行处理。

常见的数据处理有异常值处理、空值处理。比如，我们在提取用户的年龄数据之前，需要去除年龄中空的数据及异常数据（如年龄超过120岁等）。

4. 数据分析

根据分析目标，要选择合适的分析方法和分析思路去做拆解和挖掘。

针对订单流失的问题，典型的分析思路和方法是漏斗分析和用户画像分析。

漏斗分析主要是分析付费流失严重的主要环节在哪里，如图1-11所示，我们发现付费流失严重主要是因为"用户活跃"到"浏览商品"的转化率从50%降到30%，减少了20%，那就可以把问题定位成为什么用户浏览次数会变少。

图 1-11

用户画像分析可以帮助我们分析流失严重的用户是什么特征，如年龄、性别、地域等；在流失前有什么特定行为，如访问了哪些页面、看了哪些内容。这样就可以知道这种流失是集中在哪一个年龄群体、哪一个地域群体及其他行为特征。

5. 数据可视化

通过数据分析得出结论后，还需要用图表展示出来，所谓"文不如表，表不如图"，用图表可以更清晰地展示你的结论，一般我们可以利用Excel、Python或者R语言进行可视化图表的制作。

常见的图表有柱形图、折线图、饼图、条形图、面积图、散点图、组合图、箱线图等。

6. 总结和建议

当利用图表把数据分析结论展示出来后，就是数据分析的总结部分，主要包括得出了什么具体结论，以及给业务人员提供具体建议，告诉他们改进的方向。

1.4 数据分析师的日常工作

如果希望从事数据分析工作，则需要了解数据分析师的日常工作内容，以便了解这些工作内容所需要的技能。那么，数据分析师的日常工作包括哪些呢？

我们来看一下各企业招聘数据分析师的要求（见图1-12～图1-14）。

职位描述

——

工作职责

-负责分析地图相关业务的数据分析工作，及时、准确地把握地图行业发展现状与趋势

-分析各项影响产品提升与增长的因素、各项业务细节，结合业务方向，给出可落地的整体的产品优化方案

-与产品/运营/研发等配合，推进优化方案落地执行，带来业务的实际提升增长

-优化和改进现有的数据统计和报表系统，提升分析效率

-负责业务上特化模型的建设工作

任职要求

-统计学、数学、经济学等相关专业优先

-对数据敏感，熟悉常用数据分析方法

-有极强的学习能力和好奇心

-能快速理解业务，发掘业务细节和数据之间的联系

图 1-12

职位描述

——

腾讯智慧零售团队诚招有实力的数据分析工程师

岗位要求：

1、统计学、数学、计算机等专业硕士及以上学历，3年以上数据分析相关工作经验；

2、熟悉Hadoop、Spark等大数据相关平台与组件；

3、熟练使用Sql、Python、R等语言进行数据分析；

4、有数据仓库建设经验优先，包括数据建模、ETL开发与设计；

5、对于数据上报埋点规划、上报规范以及验收等环节有经验者优化；有零售行业数据分析相关经验优先；

6、自我驱动能力强、积极主动、善于思考、逻辑性强、对数据敏感。

岗位职责：1、结合业务场景，开展专项数据挖掘分析，从数据角度识别和解决业务问题；

2、结合客户需求和痛点，将数据分析思路和框架沉淀为数据产品解决方案；

3、负责建立业务的数据指标体系，监控和分析业务运营情况。

图 1-13

职位描述

—

职位描述：

1. 负责淘宝内容&互动产品的数据分析工作. 通过与产品, 技术, 运营等相关团队合作, 利用数据驱动增长.

2. 针对不同的业务场景和产品特点, 主动挖掘数据分析专题. 通过专题分析，对产品和用户问题进行深入分析，发掘改进产品和业务的机会.

3. 建立覆盖内容&互动产品各个场景的科学指标体系, 充分测量各产品的使用情况.

4. 通过设计合理指标口径, 建立统计模型等数据科学的方法, 支持产品A/B实验并保证实验结果的准确性.

5. 推动数据分析结果在业务中的落地, 解决实际业务问题.

职位要求：

1. 统计、应用数学、运筹学等相关专业本科以上学历，3年以上相关行业工作经历

2. 熟练运用SQL、Excel、Python 或R等数据分析相关语言和工具.

3. 优秀的产品和业务感知能力, 能够将产品和业务问题转化为数据分析问题.

4. 良好的数据敏感度，能够从海量数据提炼核心结果; 有丰富的数据分析、挖掘、清洗和建模的经验.

5. 优秀的跨团队沟通, 协同的能力, 能够清楚简洁地向不同背景的协作者沟通分析结果.

6. 对互联网行业有深刻的理解; 熟悉直播, 短视频, 内容&社交电商相关行业者优先.

图 1-14

我们将以上内容总结后，得到的工作内容和技能如图1-15所示。

工作内容主要有数据体系的搭建、策略模型的搭建和专题分析评估。

1. 数据体系的搭建

每一个产品的功能都需要通过数据来监控使用情况，包括用户量的变化情况、使用的体验情况、业务的健康情况、业务的机会点等。所以，在公司或者企业内部都会建立起一套相应的数据体系来帮助监控产品各个功能模块的情况。

什么是数据体系？下面先从指标的定义说起。

指标：指标是通过数据计算得出，用于衡量业务情况的，常见的指标有新增用户数、日活跃用户数、周活跃用户数、活跃时长、付费人数。

数据体系：把指标通过一定的方法论体系组织起来，比如，拼多多的数据体系就包括拼多多新增相关指标、活跃相关指标、留存相关指标、付

费相关指标等。

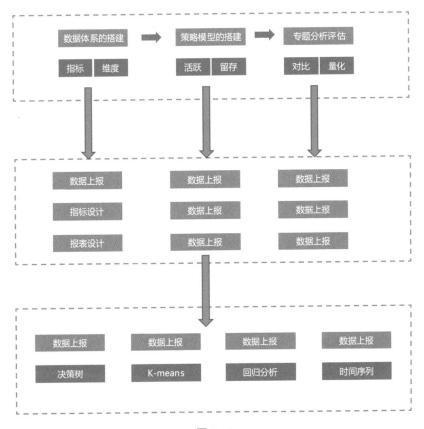

图 1-15

数据体系的搭建就是帮助某种业务建立一套完整的指标体系，帮助业务人员监控业务的走势，及时发现问题。

数据体系的搭建过程如图1-16所示。

图 1-16

（1）数据上报。一般通过埋点的方式上报需要的数据。数据上报的方式一般有客户端上报和后台上报。有些数据只能从客户端获取，所以只能通过客户端来上报，比如，前端的某个按钮的曝光情况。

（2）数据指标。根据上报的数据、业务的计算口径及需求，我们按照一定的方法计算对应的数据指标，比如，某个按钮的曝光点击比就是按钮点击的次数/按钮曝光的次数。

（3）数据报表。这些数据指标通过一定的展示和组织形成报表，常规的数据指标的展示方式有表格、折线图、饼图等。

（4）数据体系。数据报表按照一定的逻辑进行组织就形成了数据体系，比如，按照新增、活跃、留存、付费、转发的AARRR模型进行组织。

2. 策略模型的搭建

针对业务的需求，帮助业务方解决业务问题，我们需要搭建相对应的策略模型。

针对付费的业务，需要搭建付费预测模型，预测未来哪一批用户会付费，哪一些用户会流失。这样就可以针对即将要流失的用户提前做挽留，对已经流失的用户利用礼包等策略进行召回。搭建付费预测模型主要采用机器学习中的分类模型方法，常见的有决策树、逻辑回归模型等。可以将用户付费相关的行为作为特征，比如，用户的活跃行为、活跃时长、年龄、性别、过去付费的行为。

针对用户增长的业务，需要搭建用户流失预警模型，预测未来哪些用户会流失，这样业务方可以对即将要流失的用户利用运营的手段进行挽留。

用户流失预警模型的搭建和付费预测模型的搭建过程类似，都需要采用机器学习中的分类模型方法来解决。但是，对于一些用户分层的问题，分类模型解决不了，就需要用聚类模型，常用的聚类模型有k-means、DBSCAN等。

针对指标预测的问题，常用的方法有时间序列预测法。

3. 专题分析评估

专题分析评估主要是针对业务中的一些问题开展的专题分析，常见的专题分析评估如下。

（1）波动归因：针对指标的波动，开展专题分析，挖掘波动的原因，并给出建议。

（2）专题评估：针对产品功能上线，评估迭代效果、活动上线效果，以及策略上线效果。

（3）专题探索：例如，用户留存专题探索，包括什么因素是用户留存的关键抓手、用户增长探索，以及挖掘增长的一些关键行为抓手。

1.5　数据分析师的前景和发展

1. 适合哪些行业

现在基本上所有的企业都需要做数据分析。

电信行业，通过数据分析可以更好地发现用户的使用规律，给用户量身定制通话套餐，同时也可以发现潜在的用户。

银行业，利用数据分析可以更全面地对用户进行价值评估及风险评估，这对发展优质客户及减少违约风险都有非常大的帮助。

互联网行业是数据分析师的重大需求地，这些经常被用户使用的APP拥有大量数据，需要用数据分析方法挖掘出数据的价值。

传统零售业，美的、立白、屈臣氏等企业也在大批招聘数据分析师，零售业的分析需求主要是发现潜在用户，以及维持即将要流失的用户。

2. 技术要求

从初级分析师到高级分析师甚至专家，要求逐级递增。

（1）初级数据分析师：大多为刚毕业的应届毕业生或者工作1～2年的新人，能初步根据业务需求提取简单的数据、制作报表，还可以针对业务人员的问题做简单的数据分析，工具以Excel和SQL为主。

（2）高级数据分析师：大多为工作3年左右的数据分析师，基本能独当一面，可以根据业务需求熟练地提取数据，并且还能根据自己的经验，向业务方提出相应的建议。

专题分析方面，高级数据分析师可以自驱动地针对业务可能存在的机会和问题做一些专题的分析，熟练地使用机器学习建模的方法和常规的数据分析方法。比如，常用的分类算法，如KNN、决策树、逻辑回归、随机森林等；常用的聚类方法，如k-means、DBSCAN等；常用的时间序列算法，如Arima等；常用的数据统计方法，如漏斗分析法、对比分析法、5W2H、麦肯锡逻辑树分析法、留存分析法、用户画像分析法等。可以准确地把业务问题转化为数据分析可以量化和归因的问题，并且把分析的结果很好地进行可视化。

（3）数据分析专家：除了具备高级数据分析师的技能，数据分析专家对业务有更深的理解，具有很强的业务敏锐度，可以把数据分析的价值和业务紧密地联系起来。数据分析专家已经可以深刻影响业务方的决策。

在项目把控方面，能够为数据分析结论的落地协调各个部门的资源，在多个项目并行的同时，能够清晰地把控每一个项目的进度，能够清晰地对准分析的方向，做到每一个时间点都能够有明确的产出。

3. 发展前景

数据分析师的职业发展，总体来说主要有以下几条路线。

（1）数据分析师专业路线，成为数据分析专家，成为一个专业方向的专家。

（2）转向管理方向，成为数据分析组长或者总监，来管理一个组或者一个部门。

（3）转向其他方向，数据分析是与业务紧密联系的工作，所以也可以转向产品运营或者数据产品方向。

第 2 章

数据指标体系

　　本章主要介绍什么是数据指标和数据指标体系，以及不同业务和不同产品常见的数据指标体系有哪些，如电商的数据指标体系、社交产品的数据指标体系等。同时会介绍这些常见的数据指标体系具体的定义，以及它们具体用来评估产品的哪一个方面。作为数据分析师，熟练掌握不同产品的评估指标是非常重要的。

2.1　数据指标和数据指标体系

2.1.1　数据指标

　　数据指标有别于传统意义上的统计指标，它是通过对数据进行分析得到的一个汇总结果，是使得业务目标可描述、可度量、可拆解的度量值。

数据指标需要对业务需求进行进一步抽象，通过埋点进行数据采集，设计一套计算规则，并通过数据可视化的方式呈现，最终能够解释用户行为变化及业务变化。

数据指标主要由"维度"和"计算方式"两部分组成，如图2-1所示。

维度指的是从哪些角度衡量产品，决定看待产品的视角。计算方式指的是用哪些方法来衡量，是统计汇总数据的方式。常见的维度有平台、时间、新/老用户、版本、渠道来源、年龄群体、城市等级、性别。常见的计算方式有求和、求差、取均值/中位数、相除/相乘、最大/最小。比如，"安卓用户的平均观看时长"这个指标，就是"维度—安卓""计算方式——平均观看时长，即取时长的均值"。

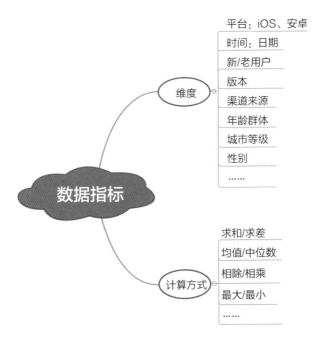

图 2-1

2.1.2 数据指标体系

数据指标体系是把数据指标系统地组织起来,可以按照功能模块、业务模块,以及其他一些划分的方法组织起来,如图2-2所示。

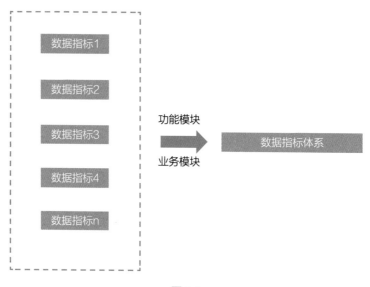

图 2-2

所以,数据指标体系是面向功能模块或者其他业务模块的,每一个功能模块或者业务模块的数据指标都非常丰富,每一个指标都有其特定的含义,反映这个业务某一个细节的客观情况。

以微信APP为例,微信有表情、朋友圈、支付这些业务模块,所以每一个业务模块都有自己的指标体系。对应的就有微信表情指标体系、朋友圈指标体系、微信支付指标体系。

微信表情指标体系中包含表情相关的很多数据指标。比如,用来评估表情发送的,有表情发送人数/次数/个数、发送时长、发送渗透率;用来评估表情下载的,有表情下载人数/次数/个数、表情下载的渗透率、下载的漏斗转化率。

2.2　为什么要搭建数据指标体系

数据指标体系的作用主要有监控现状、反映问题、预测趋势、评估分析、决策支持5个方面，如图2-3所示。

图 2-3

2.2.1　监控现状

数据指标体系最基本的作用就是帮助对应的业务方通过监控数据来监控业务的现状，以用户留存率为例（见图2-4），通过每天的用户留存率数据，可以有效监控现业务或者产品的黏性情况，及时发现问题。

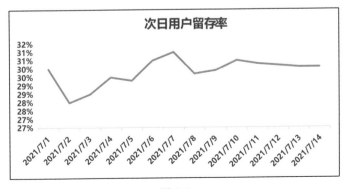

图 2-4

除了用户留存率指标，其他指标也是类似的原理。通过监控DAU的指标可以监控目前产品的使用人数、活跃人数情况，才可以评估目前我们某个业务的量级与同行相比的差距。

数据指标体系在帮助我们监控现状时，也会存在一些问题。比如，指标本身存在周期性和外界干扰因素的变化，怎样判断指标的变化是正常的波动还是业务出现了问题，一般要先进行指标波动范围的判断。我们可以根据过去指标波动的范围，制定一个科学的波动范围。

2.2.2 反映问题

一个完整的数据体系可以反映业务的情况。下面以如图2-5所示的电商购买流程为例进行介绍。

假如我们搭建一套从用户打开APP、浏览商品、添加购物车、点击支付到下单成功这个完整链路的数据体系。这个数据体系可以完整地反映出每一个步骤的用户人数和次数，以及每一个步骤到下一个步骤的转化率情况，可以反映出哪一个环节的用户流失最严重，就可以有针对性地进行优化。比如，通过数据体系，我们发现从用户活跃到浏览商品的转化率降低了，这就反映出用户打开APP之后看到的商品可能并不感兴趣，从而降低了浏览的欲望，从指标上表现就是浏览商品的人数和次数都降低了。

图 2-5

2.2.3 预测趋势

在搭建数据体系之后，常见的业务需求就是基于现在的数据情况来预测未来的数据情况。特别是在销售业务中，我们需要基于现在的销售量来预测未来的销售量，及时进行补货等。

简单的数据指标趋势可以直接用函数进行拟合。比如，符合指数增长的数据指标趋势可以用 $y = ax^b + c$ 来拟合（见图2-6）。

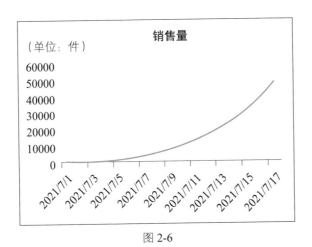

图 2-6

符合线性增长的数据指标趋势可以用线性回归方程来拟合，比如 $y = ax + b$（见图2-7）。

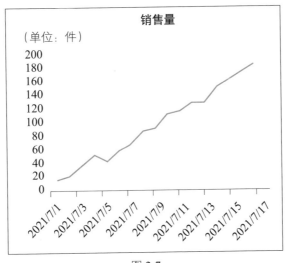

图 2-7

若是较复杂的趋势，那么每天的指标都有一定的波动，这时简单的数学模型不能很好地拟合，通常需要用Arima 模型来拟合，比如图2-4所示的次日用户留存率的走势。

2.2.4　评估分析

评估分析主要是利用数据指标体系评估新功能上线、运营活动、产品运营策略等。每一个新功能的上线，都需要通过数据指标体系来分析这个功能的使用情况、效果是否符合预期，以及这个功能对其他功能模块有什么影响。

对企业中的很多运营活动，更需要用数据指标体系来评估。评估该活动用户的参与情况，对用户的行为效果、成本和收益的ROI进行评估，以及评估每次对活动进行调整后的效果。

在互联网企业中，产品运营策略或者其他策略的效果都需要用数据指标体系来评估分析，分析不同的策略之间哪一个是最优的，不同的策略分别对用户的行为有什么影响。

2.2.5　决策支持

数据指标体系还有一个价值，就是能够帮助企业做科学的决策。比如，想要对一个功能进行修改，但不知道这个改动是否有必要，就需要数据指标体系来帮助产品经理或者业务方把现在的问题通过数据量化出来。

举个例子，微信的产品经理要判断当下发送表情的功能是否需要改进，可以通过数据指标体系来洞察现在表情的发送是否具有问题，以及如何迭代修改。

- 使用效率量化：

接近15%的人在发送表情时需要滑动4次以上，查找效率不高。

- 迭代建议量化：

从使用习惯来看，一周内常发的表情，90%的人只发9个以内。是否可以固定常用的9个表情，让用户自己选择？

通过上面的量化，可以帮助产品经理发现当下的表情功能用法较难，同时把多难用数字量化出来，会有更直观的感受。

多难？每次发送表情有15%的人都要滑动4次，用户等待时间长。

如何优化？我们发现用户的行为规律，大多数用户经常发送的表情在9个以内，就可以采取常用表情来满足（见图2-8）。

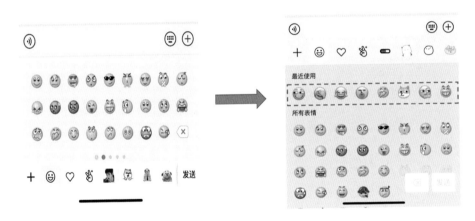

图 2-8

2.3　常见的数据指标体系

不同的细分行业的数据指标体系有共同点，也有不同点。

共同点指的是几乎所有行业都关注DAU、MAU等活跃用户数指标。一个APP无论是要活下来还是要后期变现，用户活跃的数量是基础。

不同点指的是不同行业所侧重的点不一样。比如，社交类APP，会关注用户的互动指标、点赞率、评论率等；电商类APP会关注交易金额、交易人数等；音乐类APP会关注播放时长、播放的歌曲数等。

2.3.1 互联网产品典型的数据指标体系

基本上任何互联网产品的数据指标体系都可以按照拉新、活跃、留存、付费、传播这5个指标来展开，如图2-9所示。

1. 拉新指标

拉新指标用于刻画新用户的增长情况及获客的成本情况，主要目的是希望在保持一定成本和收益的情况下，新用户能够稳步增长。

- 曝光数：被某APP曝光的用户数量，指的是有多少用户看到过这个APP。

- 下载数：成功下载某APP的人数。

- 注册数：成功注册某APP的人数。

- 曝光下载转化率：下载数/曝光数。

- 下载注册转化率：注册数/下载数。

- 拉新平均成本：总花费的金额/花费所对应的新用户数。

- 拉新ROI：拉新的用户贡献的付费金额/拉新的用户所花费的成本。

2. 活跃指标

新用户来到APP是第一步。第二步就是希望我们获取的新用户能够活跃，并且活跃足够的次数，能在APP中停留足够长的时间。活跃指标就是用来刻画用户活跃情况的指标。

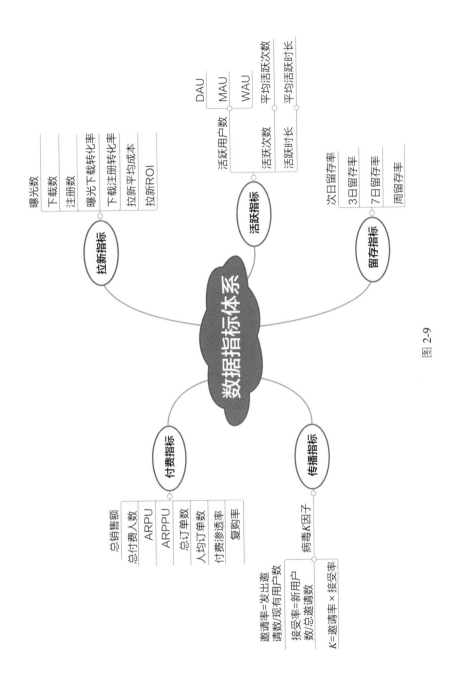

图 2-9

- DAU：日活跃用户数。按照一天活跃的设备数去重。

- WAU：周活跃用户数。按照一周活跃的设备数去重。

- MAU：月活跃用户数。按照一个月活跃的设备数去重。

- 活跃次数：指的是用户在某个APP中活跃的次数。

- 活跃时长：指的是用户在APP中活跃的总的时间。

3. 留存指标

当用户在APP中活跃后，我们希望用户可以持续活跃，对APP有足够的黏性，留存指标就是用来刻画用户黏性的指标。

- 次日留存率：当天活跃的用户在次日还活跃的比例。

- 三日留存率：当天活跃的用户在第三天活跃的比例。

- 七日留存率：当天活跃的用户在第七日活跃的比例。

- 周留存率：本周活跃的用户在下一周还活跃的比例。

4. 付费指标

当用户对APP产生足够的依赖后，我们希望用户可以贡献收入。付费相关的指标就是用来刻画用户的付费频次、金额及忠诚度的。

- 总销售额：总的购买金额。

- 总付费用户数：付费的用户数量，以设备数去重然后计数。

- ARPU（Average Revenue Per User）：每个用户平均贡献的收入。

- ARPPU（Average Revenue Per Paid User）：每个付费用户贡献的收入。

- 总订单数：订单总的数量。

- 人均订单数：订单总的数量/订单用户数。

- 付费渗透率：下单用户数/总用户数。

- 复购率：下单用户数再次下单的比例。

5. 传播指标

当用户在平台上留下来后，我们希望用户可以将APP转发给更多的人，相关的传播指标如下。

- 邀请率：发出用户数/现有用户数，用来刻画有多少比例的用户愿意分享。

- 接受率：接受数/发出邀请数，用来刻画有多少用户收到邀请会被转化为新用户。

- k因子：邀请率×接受率，同时考虑分享的转化和接受的转化，完整刻画整个传播的链路。

2.3.2　电商平台的数据指标体系

电商平台的数据指标体系主要可以从用户、商品、平台3个方面来拆解（见图2-10）。

1. 用户

（1）新增情况。

- 每天新增用户数：每天新增加的设备数去重。

- 单一获客成本：总成本/总的新用户数。

- ROI（Return On Investment）：投资回报率。

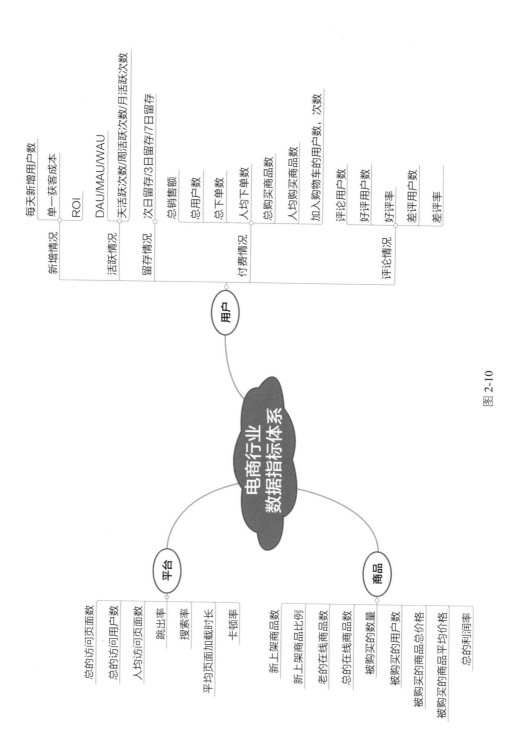

图 2-10

（2）活跃情况。

- DAU：每天活跃的用户数。

- WAU：一周活跃的用户数。

- MAU：一个月活跃的用户数。

- 天活跃次数：每天活跃的次数，每打开一次APP就是一次活跃。

- 周活跃次数：一周活跃的总次数。

- 月活跃次数：一个月活跃的总次数。

（3）留存情况（购买）。

- 次日留存率：当天购买的用户在次日继续购买的比例。

- 三日留存率：当天购买的用户在三日内继续购买的比例。

- 七日留存率：当天购买的用户在七日内继续购买的比例。

（4）付费情况。

- 总销售额：总的收入金额。

- 总付费用户数：总的付费的用户数量。

- 总下单数：总的下单的数量。

- 人均下单数：总的下单数量/总的付费用户数。

- 总购买商品数：用户购买的商品总数。

- 人均购买商品数：总购买商品数/总付费用户数。

（5）评论情况。

- 评论用户数：成功评论的用户数量。

- 好评用户数；成功发起好评的用户数量。

- 好评率：好评用户数/评论用户数。

- 差评用户数：成功发起差评的用户数量。

- 差评率：差评用户数/总用户数。

2. 平台

- 总的访问页面数：总的打开的页面的数量。

- 总的访问用户数：总的打开过页面的用户数量。

- 人均访问页面数：总的访问页面数/总的访问用户数。

- 跳出率：访问一个页面后离开网站的次数/总访问次数。

- 搜索率：搜索行为的用户数/活跃的用户数。

- 平均页面加载时长：页面从开始加载到成功展现所用的时长。

3. 商品

- 新上架商品数：当天新上线的商品数量。

- 老的在架商品数：老的在架上的商品数量。

- 总在线商品数：当天总的在线商品数量。

- 新上架比例：新上架商品数/总在线商品数。

- 老的在架上比例：老的在架商品数/总在线商品数。

- 被购买的数量：被购买的商品数。

- 被购买的商品总价格：被购买的商品的总金额。

- 平均每个商品的价格：被购买的商品总价格/被购买的数量。

- 总的利润率：（总收入-总成本）/总成本。

第 3 章

如何搭建数据指标体系

数据分析主要基于用户的行为数据，而这些数据的获取都来自数据埋点的上报。本章主要介绍什么是数据埋点，以及我们如何进行科学、规范的数据埋点的上报。

3.1 什么是数据埋点

所谓埋点，就是在APP中特定的位置或者功能中埋下数据点，以收集一些信息，用于跟踪APP使用的状况，为后续优化产品或者运营提供数据支撑。

埋点埋什么取决于我们想从用户身上获取什么信息，一般主要分为用户的基本属性信息和行为信息。

用户的基本属性信息主要包括城市、地址、年龄、性别、经纬度、账号类型、运营商、网络、设备等。

行为信息即用户的点击行为和浏览行为，在什么时间、哪个用户点击了哪个按钮、浏览了哪个页面、浏览时长等数据。

埋点主要有以下两种方式。

第一种：自己公司的研发人员在产品中注入代码来统计，通常有客户端埋点和后台埋点。

第二种：第三方统计工具，如友盟、神策、Talkingdata、GrowingIO等。

在产品上市初期，一般会使用第二种方式来采集数据，并直接使用第三方分析工具进行基本的分析。这种方法不需要花费较大的人力去维护数据，其缺点是可能有数据泄露的风险，同时数据使用的灵活度会受到一定的限制，无法进行较深入的分析。

如果企业对数据安全比较重视，业务又相对复杂，则通常使用第一种方式采集数据，并建立自己的数据分析平台。这种方式需要花费大量的人力从零开始创建大数据平台，从零开始采集数据，但保证了安全性及灵活性，数据分析师可以根据自己的需求进行埋点。

3.2　为什么要埋点

埋点是为了对产品进行全方位的持续追踪，通过数据分析不断指导优化产品。数据埋点的质量直接影响数据、产品、运营等的质量。

数据埋点的主要作用如图3-1所示。

图 3-1

（1）产品迭代：产品的迭代离不开用户的行为数据，通过用户行为分析产品是否有问题，如用户注册过程中的页面转化挖掘，这些数据都依赖埋点上报的数据。

（2）精准用户运营：对用户进行精细化运营需要对用户进行分层，用户的分层离不开埋点上报的用户行为数据。如针对用户的付费RFM分群就是基于埋点上报的关于用户付费时间及金额的数据。

（3）完善用户画像：基本属性（性别、年龄、地区等）、行为属性（设备操作习惯等）等数据都依赖埋点的上报才可以获取到。

（4）产品指标计算：公司内部涉及的常见核心指标，如DAU（日活跃用户数）、MAU（月活跃用户数）、活跃时长、留存率、付费用户数、付费金额等，都需要通过埋点的上报然后进行计算。

（5）算法依赖：现在越来越多的APP都需要推荐算法来给用户推荐符合他们偏好的内容或者功能。推荐算法背后依赖的是用埋点上报的数据进行加工后的用户行为特征。

3.3　如何设计埋点方案

要设计一个完整的埋点方案，需要具备以下4个要素：明确埋点目标、确认上报变量、明确上报时机、明确优先级。

图 3-2

1. 明确埋点目标

每一个埋点的需求都是为了解决某个业务的需求，所以在写埋点方案时，需要明确这次方案是为了上报什么具体的数据。这个数据是为了解决业务方的什么具体需求，这些数据的上报大概可以带来哪些业务收益。

埋点目标需要对业务有一定的了解，所以需要跟业务方沟通，保证埋点需求的科学性，以免很多埋点只是数据分析师自己的想法，却不是业务方关注的。

明确埋点目标有助于数据分析师对埋点的把控，知道每一次埋点的方案是否必要及重要，以免乱提无用的埋点或埋点目的不清晰的需求。

明确埋点的目标有助于整个埋点方案的设计，更好地设计出完整、高效的埋点。

2. 确认上报变量

上报变量主要是由事件和其他参数变量组成的，其中事件是必须的，用于标识这一次具体的操作。事件的上报主要用于捕捉用户的行为，知道用户具体操作了哪一个按钮、访问了哪一个页面、滑动了哪一个页面等。

其他参数变量一般是和事件相关的，其他参数的上报用来帮助我们获取和用户操作行为相关的数据。因为在实际场景中，当用户执行了一个操作时，我们需要知道很多和这个行为相关的信息。比如，当用户在使用淘宝APP搜索某个商品时，事件记录了用户操作这个行为，但是我们不知道是哪一个用户用了什么设备搜索了什么，所以要用其他参数来上报用户搜索的关键字，用户的ID、设备及其他关注的内容。

参数变量在具体的分析中起到非常重要的作用，事件的上报可以让我们分析出用户做了什么具体的行为，参数变量的上报可以让我们完整深入地分析这个行为。

在确认事件时，因为事件和用户的操作相对应，所以我们可以按照用户在使用产品时的操作流程来设计关键事件。以浏览朋友圈为例（见图3-3），我们浏览朋友圈的行为，基本有"点击发现按钮"、"点击朋友圈按钮"、"点击动态下面的两个点"、"点击点赞"和"点击评论"。所以可以把这些行为按照埋点的事件来命名，如"点击发现按钮"可以叫作"clickfindbutton"，命名规则一般采用动词+名词的形式。针对这个事件（点击发现按钮）的动作，我们关心相关的参数，如需要知道点击这个动作的人是谁、用的是什么设备。这里具体的人及设备都是参数，参数的作用就是更好地描述事物的属性。

图 3-3

　　参数的命名一般直接用英文，如"点击发现按钮"的人一般就用 userid 作为参数的名字，使用的设备就是device。参数的上报可以帮助我们分析每天点击发现按钮的人中不同设备的占比分别是多少等。

　　埋点需求的书写如图3-4所示。

上报时机:用户点击发现按钮时上报

字段英文名	字段中文名	取值范围	备注
eventid	操作事件	取值为: clickfindbutton	
userid	用户id	字符串数字	每个用户是唯一的
device	设备	android, ios	

图 3-4

3. 明确上报时机

事件的触发时机，往往是影响数据准确性的重要因素。

以用户的点击行为为例，如要统计用户点赞行为，我们是在用户点击点赞按钮时上报还是在用户成功点赞后上报，其结果是有偏差的。

经常遇到的另外一种场景是，用户停留时长的上报，停留时长指的是用户在一个 APP 中停留的总时间，一般有两种典型的上报方法。

第一种方法是上报用户的进入时间及用户的退出时间，这样我们做数据统计时就可以直接计算出用户的停留时长。这种方法的缺点是如果进入时间或者退出时间有一个丢失未上报，那么用户的停留时长相减后就会有问题。

第二种方法是直接统计好用户的停留时长，然后进行上报，这种上报方法避免了上述问题，同时也避免了后续的计算，但是在开发成本上会比第一种方法多一些。

不同的触发时机代表不同的数据统计口径，我们要尽量选择最贴近业务的统计口径，然后与开发人员沟通，在可行性与业务贴合度之间找到最优解。

4. 明确优先级

一般情况下，我们会同时提出多个埋点需求，这时就需要规划好这些埋点需求的优先级。提交给开发人员后，他们可以根据优先级来调整。

埋点的优先级主要是根据上报数据的重要性及紧急性确定的。比如，版本功能的需求埋点，埋点优先级较高的是基础指标的统计，用户的操作行为明细略微低一点。因为每次发版的新功能，业务侧最先关注的是基础指标，例如多少人用了这个功能、用的频次等，我们需要保证基础的数据指标齐全，其次才是深入分析所需要的数据。

3.4　埋点的开发流程

在埋点工作中，有不同的部门或团队参与其中，他们有着各自的职责。

产品经理或者运营：一般为主要需求方，即业务方，他们根据业务场景，提出并明确具体的数据需求，比如，统计某个页面的曝光次数、某个按钮的点击次数等。一般来说，产品经理或者运营等业务方是把需求提交给数据分析师，也有一些中小型公司，是直接将数据埋点需求提交给开发人员，因为他们没有专门负责埋点的数据分析师。

数据分析师：收集业务方的需求，将数据需求按照埋点的规范整理成埋点需求，数据分析师需要保证埋点是科学的、完整的、可执行的、规范的。数据分析师在专门的需求单上提出数据埋点的需求，除了基础规范，还需要标明这个埋点需求的来源和目的，以及期待的交付时间等。同时，在开发的过程中，数据分析师应该积极地与开发人员进行埋点需求的沟通，负责埋点开发过程的跟进，以及开发后的数据校验，保证埋点上报的准确性。

开发测试团队：确认埋点需求的可行性和需求排期，负责埋点开发、测试和上线。

整个过程中，业务方、数据分析师、开发人员三方经常需要互相沟通，如果缺乏明确的协作流程，则可能会导致埋点周期漫长，甚至发现漏埋、错埋的情况。因此，想要提高埋点的质量和效率，团队协作至关重要，每一方都需要明确整个埋点上报的流程、规范，以及自己在其中的职责。

整个流程如图3-5所示。

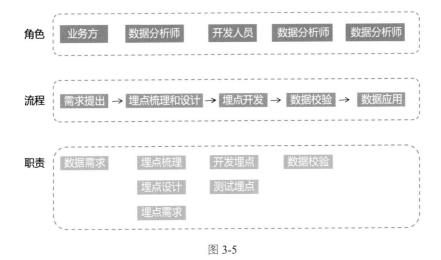

图 3-5

1. 需求提出

业务方应该了解自己负责的产品的功能，明确当下关注的数据指标，并且可以把这种数据指标的需求准确地传达给数据分析师。

明确数据指标是指明确这个数据指标的目的，其是否是核心的、重要的，主要用来评估用户的哪一个方面，这样在埋点上报时不会造成大量无用的埋点上报，以免耗费大量的人力。

2. 埋点梳理和设计

埋点的梳理和设计可以通过5W2H框架来完成。5W2H框架的主要目的是：梳理产品业务逻辑、梳理埋点指标、梳理业务方需求。

5W2H（Why，What，Where，When，Who，How，How much）框架的具体内容如下。

Why：为什么需要进行埋点，想要通过这个埋点的数据实现什么目的，完成什么业务目标/KPI。

What：与埋点相关的产品模块涉及什么内容？从前端页面使用框线

简单的页面构成划分，然后使用思维导图梳理产品功能架构和产品信息架构，最后使用流程图或者泳道图画出核心业务流程/用户行为路径。

Where：有哪些内容需要埋点？使用表格梳理埋点指标，内容包括页面/过程、相关行为、指标、指标说明、模块位置等。可以参考AARRR模型，分别对不同的用户群体指标进行分析。

When：什么时候上线？本模块改版或者相关内容改版时，需要重新检查、审视已有埋点是否合理，是否有新增内容或者需要调整的需求。

Who：埋点需求涉及哪些人？埋点需求一般会涉及数据分析师、产品经理、开发人员、运营人员、BI分析人员、领导，以及UED人员。使用思维导图梳理各角色需求，不同角色会关心不同的问题，一般会按照业务线进行需求梳理，主要包括产品和运营的角度。对数据分析师或数据产品经理来说，用户就是埋点需求方，从用户角度思考，与用户深度沟通，可以提高效率。

How：该需求的埋点方式是什么？每个指标采用什么埋点方式？可以使用表格进行梳理，这步已经接近完整的埋点文档。

How much：利用这样的方式埋点，成本需要多少？是否合理？具体成本及排期待开发人员进行评估后给出。

梳理完埋点以后，就需要进行埋点的设计。埋点的设计主要包括3.3节所介绍的4个方面，这里不再赘述。

3. 埋点开发

数据分析师设计埋点、提出需求以后就会交给开发人员。首先，开发人员会对埋点需求进行基础评估，评估开发的可行性及需要的时间，然后和数据分析师进行沟通。

如果埋点开发的可行性没有问题，就可以进入开发环节。在开发过程中，数据分析师应该和开发人员保持积极的沟通，在细节上有不确定的地方应该做到反复沟通，直到明确需求。

数据分析师需要和开发人员沟通的细节主要有埋点的上报时机、每一个参数的取值有哪些、每一个取值的含义是什么、为什么需要这些取值，以及整个埋点需要注意的一些点。这个环节非常重要，很多数据问题都是因为开发人员没有沟通好细节，或者数据分析师没有说清楚细节而导致的错误上报。

在埋点开发的过程中，数据分析师也应该主动跟进埋点的进度，把控整个埋点的开发时间，防止出现对应的功能版本上线了，而埋点却没有跟上的情形。

4. 数据校验

在开发团队完成开发和测试后，需要数据团队进行数据校验后再正式部署上线。

数据分析师通常利用数据上报测试工具做一下埋点的上报测试。主要测试的方面有上报时机、上报的事件，以及变量的取值是否完整、准确。

除了用工具进行测试，数据分析师还可以从上报的数据中进行抽取验证，验证是否有明确的脏数据，以及上报的数据量级是否有问题。

数据分析师的数据校验工作是一个必不可少的环节。一个埋点经过开发人员的自测、测试人员的测试，以及数据分析师的测试以后，出现问题的可能性会大大降低。同时，因为埋点需求是来源于数据分析师的，数据分析师最了解埋点的细节，在测试时可以测试更多路径。

5. 数据使用

埋点上线以后就可以开始使用上报的埋点，一般有以下 3 个方面的应用。

（1）基于上报的埋点，可以设计对应的数据指标，然后做成可视化报表，供业务方定期监控数据的走势，及时发现业务问题。

（2）基于上报的埋点，可以做基础的统计分析，洞察业务的问题和机会，也可以进行深入的建模分析，比如，基于用户的行为预测其是否为潜在的付费用户等。

（3）基于上报的埋点，可以设计数据指标作为试验的评估标准，帮助业务人员快速验证功能设计、策略设计，以及其他的数据分析结论和猜想。

3.5　指标体系搭建方法论

数据指标体系的搭建是数据驱动的第一步，很多企业因为缺少对这方面的重视，导致搭建的数据指标体系存在很多问题。常见的问题如图3-6所示。

图 3-6

1. 难以快速定位问题

因为缺少体系化的规划，可能搭建出来的数据指标体系更多是结果型指标，而忽略了过程型数据及维度型数据。

维度型数据的缺乏表现在，比如，我们在设置用户DAU这个指标时，缺乏用户的设备、版本、地域、性别、年龄等维度的数据。

过程型数据的缺乏表现在，比如，下单成功数这个数据指标异常，如果没有用户从活跃到搜索商品、查看商品，再到成功支付整个下单过程的数据，就很难快速找到原因。因为我们看到的都是结果型数据。

2. 数据采集不完整

业务方没有对需要的数据进行完整的规划，导致需求非常零散，对应的数据上报也是零散的。根据业务方的需求反复进行补充上报，会造成非常大的开发资源的浪费，同时也拖延了业务方观测数据的需求。

数据分析师缺少完整的数据指标的需求规划，会导致根据数据指标提交的数据埋点需求不完整，业务方要的数据很多可能都是没有上报的。

3. 目标不一致

如果在搭建数据指标体系之前，没有和业务方对目标达成一致，则有可能会导致输出的数据报表是数据分析师关注的，而不是业务方关注的，最终就不能发挥报表帮助业务方发现问题的价值。最后的结果就是做了一堆报表出来，但是业务方基本不关注，造成资源的大量浪费，同时也造成大量无用报表的冗余，影响业务方对数据分析师的印象。

4. 报表杂乱

当业务范围越来越大时，报表的数量也会随之增加。一个功能就会有多张报表，每一张报表还可能有相同的指标，多张报表的数据对不上，这些都是因为没有提前规划好数据指标体系的设计。

报表和报表之间的组织也是没有顺序的，没有按照从整体到明细的功能来放置报表的位置，业务方找一个报表经常花费大量的时间。

5. 指标不完整

报表中的数据指标并不是越多越好，有时你会发现报表中的数据指标有很多，但整体的数据指标却并不完整，这都是因为没有提前规划好而造成的。没有按照业务的划分科学地搭建数据指标体系，制作出来的报表会显得杂乱无章，并且不完整。

6. 报表价值低

很多业务报表没有发挥出它的价值，因为业务方不知道这个报表是如何帮助他们的业务的，更多的只是起到一个基础的监控作用。这是因为我们在规划数据指标体系时，只是规划了基础的数据指标体系。

这些问题需要我们利用一套科学的数据指标体系搭建方法，去搭建一个完整的、科学的、高效的、业务向的、分析型+监控型的指标体系，常用的搭建数据指标体系的模型有北极星、OSM、AARRR、UJM、MECE等。

3.5.1　OSM 模型

OSM 模型可以把业务的目标和对应的衡量评估的指标对应起来。什么是OSM（Object Strategy Measure）模型？（见图3-7）

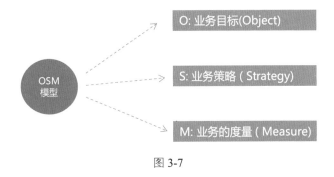

图 3-7

1. O（Object）：业务目标

业务目标需要和负责的业务方达成一致，了解业务方的核心目标是什么，比如，是为了提升用户数、用户时长、用户付费数、用户金额等。

在制订业务目标时，除了要与业务方达成一致，还要保证业务目标符合以下4个原则，即DUMB原则。

（1）切实可行（Doable）：要保证业务目标是切实可行的。比如我们要提升某个指标，不能设定过高，否则目标无法完成，影响数据指标的评估。

（2）易于理解（Understandable）：要保证业务目标是易于理解的，特别是数据团队设定的数据目标要让业务方容易理解，否则业务方完全不知道数据侧的目标设定是什么意思。

（3）可干预、可管理（Manageable）：要保证业务目标有对应的业务策略或者抓手可以用来干预用户，从而达成目标。

（4）正向的、有益的（Beneficial）：要保证业务目标是有益的，不能为了实现一个目标而对其他目标造成负向影响，比如，为了提升用户留存率，拼命给用户发弹窗和推送消息。

2. S（Strategy）：业务策略

在清楚业务目标以后，为了达到上述目标，我们需要采取相对应的业务策略，比如，为了提升新用户数，采取的对应策略就是加大外部渠道的投放，包括在抖音、广点通等投放广告。

3. M (Measure)：业务的度量

用于衡量评估策略是否有效果，反映目标的完成情况，比如，如果我们的策略是加大外部渠道的投放来提升某个产品的新用户数，那么对应的评估结果指标就是新增用户数，除了结果型指标，还需要评估这个策略的过程型指标。

因为新增用户的获取涉及曝光、下载、安装、激活这4个环节，作为过程型指标，从曝光到下载的转化情况指标有曝光下载转化率，从下载到安装的转化情况指标有下载安装转化率，从下载到激活的转化情况指标有下载激活率。

所以，OSM模型的数据指标框架可以把目标和最终评估的数据体系连接起来，做到每一个指标的设定都知道是为了评估哪一个具体业务的策略效果，每一个业务的策略效果是怎么为总体目标服务的。

3.5.2 UJM 模型

UJM 模型是为了梳理用户的行为旅程地图，因为数据指标体系是与用户行为直接相关的，完整科学地梳理好用户的整个行为旅程，才可以在每一个环节设计相对应的指标。

什么是UJM 模型？

UJM（User Journey Map，用户旅程地图）指的是用户在APP 中的操作路径。以电商平台为例，用户购买一个商品的完整的UJM如图3-8所示。

图 3-8

梳理出这一个完整的用户行为路径，就可以在每一个环节设计相对应的指标进行评估。比如，评价某个策略对于用户从打开APP 到加入购物车的转化率情况，我们就可以看从打开APP 到浏览商品的转化率，从浏览商品到查看详情的转化率，从查看详情到加入购物车的转化率，可以从多个环节来评估策略的效果，做到数据指标设计的完整性和科学性。

3.5.3 AARRR 模型

AARRR模型（见图3-9）主要从5个方面完整刻画一个APP，包括用户获取、用户活跃、用户留存、用户变现、用户推荐。任何APP 的用户都会经历这5个阶段，同时这5个阶段也是业务方关注的。

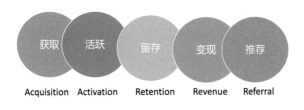

图 3-9

用户获取：指利用外部投放广告，通过用户社交转发裂变、用户推荐、大V转发等进行用户获取。用户获取是一个用户到达一个APP，开始使用一个APP 最开始的步骤。以拼多多为例，用户获取就是拼多多发布很多广告或者活动让用户来下载APP。

用户活跃：当获取到一个新的用户后要使用户在APP中活跃起来。

用户留存：留存就是用户可以持续地留在我们的APP 中。当用户在APP上活跃以后，下一步就是让用户能够持续活跃，这也就是留存的定义。

用户变现：指的是利用用户来产生收入。当用户对APP产生一定的黏性后，我们最终的目的是希望在用户保持增长的同时提高收入，例如在电商类APP购买商品。

用户推荐：用户转发传播APP。用户的转发行为表示用户对APP有极高的认可，同时转发行为可以带来更多新用户的增长。

如果我们要对一个新产品设计数据指标体系，就可以按照AARRR模型来开展，可以保证指标体系的完整性和科学性。

3.6 数据指标体系搭建实战

数据指标体系的搭建作为数据分析师的一项必备技能，也是最基础的能够帮助业务方的一项工作。好的数据指标体系能够监控业务变化。当业务出现问题时，数据分析师可以通过数据指标体系进行问题的下钻，从而准确地定位问题，反馈给业务方及时地解决。

作为数据分析师，需要站在更高的角度，认识到数据指标体系的搭建并不是单个部门能够完成的，应当至少有业务团队、数据团队及开发团队进行协作（业务部门包括但不限于市场、运营和产品团队）。

图3-10是笔者总结及建议的，在企业内部搭建数据指标体系的最佳实践流程。

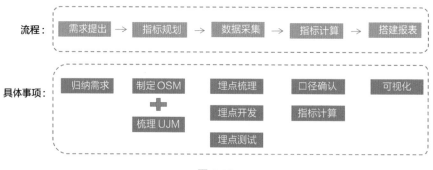

图3-10

下面以微信表情的数据指标体系搭建为例，讲解主要流程，主要分为如下6个步骤。

1. 需求提出

数据指标体系的搭建需求主要来源于业务方，业务方需要根据整个业务的核心功能及关注的点确定需求。以表情功能为例，业务方的需求通常是希望搭建一套科学的、完整的数据指标体系，以帮助评估表情业务的健康情况及用户的活跃度。

通常情况下，数据分析师需要积极地与业务方沟通，因为业务方可以帮助数据分析师厘清产品的业务逻辑及业务知识，有助于更好地搭建数据指标体系。

数据分析师需要先了解以下业务知识。

表情的类型可以分为小黄脸表情和大表情，大表情又可以分为自定义表情和商店表情。从发送来源上，可以分为转发和自主发送。从发送的场景上，可以分为单人对单人的单聊及多人的群聊。

下载表情可以直接从"我的"界面进入商店下载，或者从聊天框中点击表情进入下载，或者从面板中点击表情进入下载。下载分为直接下载及预览后下载等方式。

这些业务知识有助于后续工作中按照模块进行拆解指标，并且在设计指标体系时兼顾场景。

2. 指标规划

指标规划主要是利用OSM模型和UJM模型完成的。

OSM模型主要帮助厘清业务的整体目标，以及实现目标所对应的策略。UJM模型通过梳理用户的行为路径，然后通过行为路径和策略的联系制定出相应的数据指标。

我们利用OSM模型进行表情业务的梳理。

O（Objective）：表情的业务目标主要有3个，分别是提高表情发送、下载、传播的次数。提高表情发送次数指的是希望用户可以多发送自己拥有的表情；提高表情下载次数是希望用户可以主动下载表情。提高表情传播次数是基于微信天然的社交属性，希望用户之间愿意彼此转发对方的表情。

S（Strategy）：不同的业务目标对应的业务策略也是不一样的。提高表情发送次数，需要降低用户查找表情的门槛，以及提升表情的趣味性。提高表情下载次数，也需要保证用户可以快速找到想要下载的表情，降低查找下载过程的流失率。提高表情传播次数，降低传播的操作难度，提升表情的内容，从而增加转发的欲望。

M（Measurement）：指标衡量，主要是评估策略是否有用利于达成目标。指标的梳理主要通过UJM模型完成。首先我们根据上述业务策略来梳理相关的用户操作路径。如图3-11所示，对应于降低用户查找表情的门槛，我们梳理了用户从查找到发送的操作路径，即用户打开面板——查找表情——发送表情。

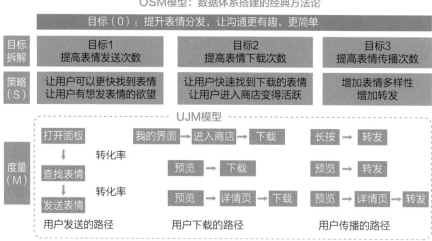

图 3-11

那么，我们就可以制定出相应的绝对值指标：打开发送面板的人数、次数；用户滑动表情的人数、次数；用户查找的时长；发送表情的人数、次数。转化率指标为：从打开发送面板到成功发送的转化率；从打开面板到查找表情的转化率；从查找表情到发送表情的转化率

同样，表情的下载和传播也可以像发送一样梳理出相应的操作路径，然后根据每一个操作路径制定出绝对值指标及转化率指标，最终制定出来的数据指标体系如图3-12所示。

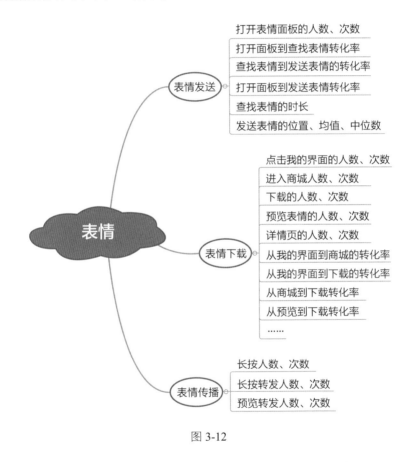

图 3-12

3. 数据采集

确定好搭建数据指标体系所需要的数据指标后，接下来就是把数据指

标对应的埋点确定好，提交需求给开发人员进行相应的数据采集。

埋点的采集过程在3.4节已经介绍，不再赘述。

4. 指标计算

采集完对应的埋点数据后，需要与业务人员确定好数据指标的计算口径，计算口径指的是每一个指标的计算逻辑。比如，表情的查找时长定义的是从用户打开面板到最终发送表情所经过的时间，确定好所有指标的口径，就可以进行相应的数据指标计算。

在计算数据指标的过程中，我们通常会制作一系列的数据宽表，这些宽表通常会按照如图3-13所示的组织逻辑制作。

图 3-13

数据原始层：通常是上报的数据直接入库的数据表。这个层次的数据表是最原始的表，基本与上报数据保持一致，所以会有很多脏数据。

数据清洗层：这个层次的数据表是基于数据原始层的数据表，经过数据清洗，去除了异常数据。

数据汇总层：这个层次的数据表基于上报的数据进行简单的汇总，这些汇总主要是面向使用的汇总。比如，针对指标的计算口径进行汇总，从最原始的上报数据中汇总的指标为每个人的发送次数、发送表情个数。

数据应用层：这个层次的数据表主要面向报表，这些数据表是高度汇总的，比如，针对数据汇总层的数据，再按照报表的逻辑进行汇总。

5. 搭建报表

计算完这些数据指标以后，就可以按照上述逻辑将对应的功能模块整理输出报表。表情的发送模块应该包含所有和发送相关的指标；表情的下载模块包含下载相关的指标；表情的传播模块包含传播相关的数据指标。

第 4 章

数据分析方法论

面对复杂的业务问题，最重要的是要学会用合适的数据分析方法来解决，本章主要介绍常见的数据分析方法。

4.1　什么是数据分析方法

在数据分析工作中，经常会遇到下面的问题。

用户的留存率降低了，原因是什么？

用户的活跃度降低了，原因是什么？

什么样的用户最有可能付费？

用户的观看行为和订阅行为是否相关？

……

这些问题，我们可能会有一些零散的解决方法，而数据分析方法就是将这些零散的想法和经验整理成有条理的、系统的思路，从而快速解决问题（见图4-1）。

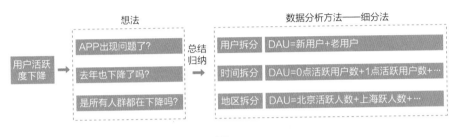

图 4-1

如果把数据分析比作做菜，那数据分析方法就是菜谱，它会教我们如何运用合理的方法去做一道美味佳肴。

如果把数据分析比作盖房子，那么数据分析方法就是设计方案，解决房子装修的各种问题。

如果没有学习数据分析方法，在面对一堆数据分析问题时，只会手足无措，根本不知道从哪里开始分析，需要分析什么。

4.2　营销管理方法论

传统的营销管理方法可以帮助我们搭建数据分析框架，更清晰地用数据分析问题，下面介绍几个经典的营销管理方法论。

4.2.1　SWOT 分析

SWOT分析来自企业管理理论中的战略规划，此理论由Boseman Phatak于1986年创建，如图4-2所示。

SWOT分析即态势分析，是指将与研究对象相关的内部优势、劣势、机会、威胁等，通过调查列举出来。

- Strengths（优势）：产品的优势是什么，有什么地方比竞品更有竞争力。做优势分析，可以清晰地知道自己产品的优势在哪里，以便更好地发挥优势。

- Weakness（劣势）：产品的劣势是什么，比起竞品，自己的产品有什么不足，这些不足是否影响到了市场份额，这些不足怎样通过产品迭代和优化去改善。

- Opportunity（机会）：产品的未来有什么机会，用户现有的痛点是否有我们可以利用的机会。

- Treats（威胁）：现在产品面临的外部威胁是什么，这些威胁是什么原因造成的，我们该怎么去解决它。

图 4-2

4.2.2 PEST 分析

PEST分析也是外部环境分析的一种方法（见图4-3）。

P（Politics，政治要素）是指对组织经营活动具有实际与潜在影响的政治力量和有关的法律、法规等因素。当政治制度与体制、政府对组织所经营业务的态度发生变化时，当政府发布了对企业经营具有约束力的法律、法规时，企业的经营战略必须随之做出调整。

图 4-3

E（Economic，经济要素）是指一个国家的经济制度、经济结构、产业布局、资源状况、经济发展水平及未来的经济走势等。构成经济环境的关键要素包括GDP的变化发展趋势、利率水平、通货膨胀程度及趋势、失业率、居民可支配收入水平、汇率水平、能源供给成本、市场机制的完善程度、市场需求状况等。分析经济环境的目的是为了帮助企业做决策的方向。

S（Society，社会要素）是指组织所在社会中成员的民族特征、文化传统、价值观念、宗教信仰、教育水平及风俗习惯等因素。社会要素主要是为了了解现有的一些用户群体的价值观念和教育水平，有助于产品本地化，做出更适合当地用户习惯的产品。

T（Technology，技术要素）不仅包括那些引起革命性变化的发明，还包括与企业生产有关的新技术、新工艺、新材料的出现和发展趋势，以及应用前景。例如，一些风靡全球的社交软件，无不是因为通信技术、大数据处理技术、移动互联网等盛行后的技术积累。

4.2.3　4P 理论

4P理论主要包括产品（Product）、渠道（Place）、价格（Price）、

推广（Promotion）（见图4-4）。

图 4-4

1. 产品（Product）

市场营销的起点就是产品，一个企业最重要的东西和核心竞争力一定是产品，产品可以是有形的商品，也可以是无形的服务或者技术、知识等。产品之所以能够提供给市场，被人们使用和消费，是因为它满足了人们某种需要。

企业的营销负责人在策划一个产品时，需要考虑这个产品解决了什么需求，卖给谁，有什么功能，它跟竞争对手的产品有什么差异，有时还要思考产品是要做单品爆款，还是要做各种产品线组合，以面对市场上的各种竞争。

2. 渠道（Place）

渠道主要指可以触达到用户的地方，比如，让用户下载一个新的产品通常会通过在多个渠道投放广告来增加产品的曝光度和触达率。

3. 价格（Price）

这是指用户在购买产品时的价格，包括折扣、支付期限等。价格的制定手段有很多，竞争比较法、成本加成法、目标利润法、市场空隙法，影响定价的主要因素有3个：需求、成本、竞争。

在整个定价体系中，最高价格取决于市场需求，最低价格取决于这个产品的成本，在最高价格和最低价格的区间中，企业能把产品的价格定到多高，也取决于竞争对手的同类型产品的价格。

4. 推广（Promotion）

推广包括品牌宣传（广告）、公关、促销等一系列营销行为。在移动互联网时代，推广和传播的方式也发生了巨大变化，从过去线下的电视广告、户外广告等传播方式走向多媒体渠道的推广方式。

你的消费者可能在浏览微信、微博、今日头条、抖音，那么推广就要渗透到他们的生活轨迹，可以说，现在的推广已经从单一媒体发展到媒体组合的推广方式了。

4.3　常用数据分析方法论及其应用

4.3.1　对比细分

在互联网的数据分析中，假如某一天的活跃人数降低了，我们经常要从多个维度分析为什么会降低。这就是数据分析中的细分。同时，还要与上周、昨天、去年同期等做对比。这就是数据分析中的对比。

那么，我们如何做一个有效的细分呢？

如图4-5所示，有很多可以细分的维度，例如时间、用户、地区、构成等。

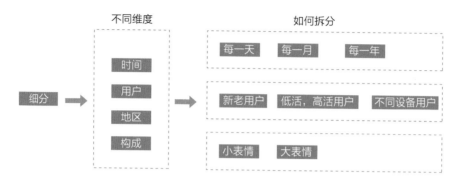

图 4-5

同样是活跃人数，我们可以拆分不同活跃等级的人数，这里的活跃人数指的是一个月活跃 1 天、3 天、7 天等不同天数，又可以拆分成一天活跃 1 小时、3 小时、7 小时等不同时长。

我们还可以对地区进行细分，比如，活跃人数降低了，可以细分为哪个地区降低比较多。

除了以上拆分维度，还可以有很多其他维度。这些维度是与特定业务相关的。

对于电商类的业务，比如，总的订单量，我们可以拆分的维度有店铺、品类、商品类型、价格区间等。

对于游戏类的业务，比如，游戏皮肤可以拆分的维度有不同角色的皮肤区间等。

如果只是按不同维度进行细分，却没有进行对比，就不会有洞察，那么怎么进行对比呢？对比就是在细分的基础上选择合适的指标进行对比，比如，我们要分析朋友圈在某一天的转发情况如何。

首先选择一些指标去评估，比如，朋友圈活跃人数、活跃次数、活跃时长、从活跃到发表的转化率等，然后把这些指标与去年同期做对比，也就是自己与自己比。

除了自己与自己比，还可以借助其他的业务来判断。

在数据分析报告中，贯穿整个数据报告的一种思维就是细分和对比，我们在描述一个业务、一种产品、一个功能时，需要拆分多个维度进行对比分析。这里以某互联网行业数据报告为例，我们可以发现，首先从社交、视频、网购等多个维度进行细分，然后对比它们的活跃占比。除了对比这些维度，自己与自己又有同比的增量情况，这个主要是刻画如果一个兴趣度的占比比其他兴趣更活跃，那么这个兴趣度本身的活跃占比相比上周/去年同期是否有变化。

在计算A产品和B产品的占有率时，细分了A产品的独占率，B产品的独占率，就可以对比A产品和B产品的独占率的差异。

另外，还可以对比同种类型的APP的独占率，比如，都是小程序类型的独占率对比。

4.3.2　生命周期分析法

互联网的用户是存在一定生命周期的，每一个产品都会经历获取用户、用户成长、用户不断成熟、用户衰退的过程（见图4-6）。

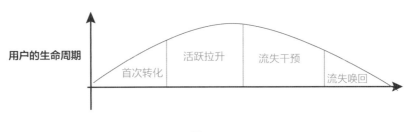

图 4-6

产品经理和运营人员都希望在用户流失之前能够通过一些方法挽留他们，比如，天猫商场的满减券，游戏中的游戏礼包、游戏道具、游戏金币等，都是为了唤醒流失的用户。

这些挽留用户的方法是有成本的，我们希望可以去干预即将流失的用户，以及唤回刚流失不久的用户，所以我们需要用科学的方法去找到这部分用户。这就需要制定一个合理的周期，这个周期就是流失周期，流失周期指的是如果用户在一定时期内没有活跃，就是我们干预用户的最佳时间段。

不同的产品用户的流失生命周期是不一样的，很难根据经验确定一个合理的时间周期。

如果我们确定的流失时间周期过短，就可能把本来不是流失的用户当成流失用户；反之，如果我们确定的流失时间周期过长，就可能在用户已经流失后却没有进行挽留。

所以，如何科学地根据用户的生命周期来寻找用户的流失周期是关键的方法。流失周期的确定一共有两种方法，一种是分位数法，另一种是拐点法。

1. 分位数法

什么是分位数？分位数（Quantile）也称为分位点，是指将一个随机变量的概率分布范围分为几等份的数值点，分析其数据变量的趋势，常用的有中位数、四分位数、百分位数等。

简单来说，一组数字或者变量的25%分位数就是把这组数字或者变量从小到大排，然后选出大小排到第25%位置的数，就是这组数字或者变量的25%分位数。类似地，90%分位数就是取大小排到第90%位置的数。

如何通过分位数的方法计算用户的流失周期呢？

首先计算用户活跃的时间间隔，比如用户a活跃的时间日期分别是2020-12-01和 2020-12-14，那么间隔就是13天，我们把所有用户的活跃时间间隔都计算好，然后找出间隔的90%分位数。

为什么是90%分位数呢？这是因为如果有90%的活跃时间间隔都在某个周期以内，那么这个周期内不活跃，之后活跃的可能性也不高。

如图4-7所示，横轴是所有用户的活跃时间间隔，从小到大排列，纵轴是不同时间间隔的人数占比，我们从蓝线可以发现大多数的用户充值时间间隔都在前面，从红线可以发现充值时间间隔在72天以内的用户数占比达90%，所以我们把72天作为用户的流失周期。

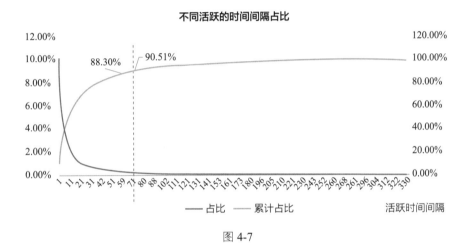

图 4-7

2. 拐点法

拐点法要依赖用户留存率（留存的人数/之前活跃的人数）指标，整体的思路是取一段时间内（一般取一周或者一个月）活跃过的用户，判断在未来每一天的留存人数，或者每一周的留存人数，或者每个月的留存人数。

我们要计算的是每天、每周还是每个月的用户留存率，则根据不同产品来确定，主要根据用户在这个产品中的活跃情况。一般来说，对于比较活跃的产品，流失周期比较短，这时可以计算每天的用户留存率，对于不那么活跃的产品，我们可以计算每周或每月的留存率。

这里以周为例，取1月1日到1月31日这一个月内所有的活跃人数，查看每一周的留存人数。随着时间的递增，一般来说，留存人数会越来越少，也就是流失的人数越来越多，但用户留存率不再发生变化。

如图4-8所示，横轴表示周数，纵轴表示用户留存率，可以看出，随着时间的推移，留存人数越来越少，大概在第10周以后，留存人数处于比较稳定的水平。

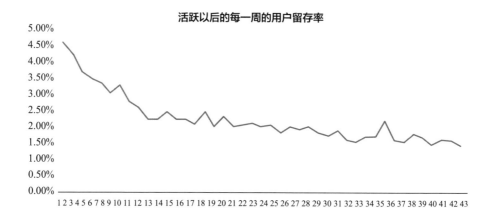

图 4-8

这个10周就是一个明显的拐点，我们把10周叫作流失的分界点，也就是流失周期。

按照上述方法寻找出用户流失周期以后，就可以从大批的用户中找到流失的用户群体，给到业务方，业务方可以针对这批用户采用合适的方法挽留和召回。

拐点法和分位数法除了确定活跃用户的流失周期，还可以应用于很多方面。比如，确定付费用户的流失周期、电商产品中购买用户的流失周期、视频内容类的观看用户的流失周期。

4.3.3　RFM 用户分群法

在运营场景中，经常需要将用户分层，对不同层次的用户采取不同的运营策略，这也被称作精细化运营（见图4-9）。那么，如何运用科学的方法对用户进行划分呢？

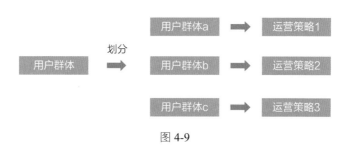

图 4-9

例如，在短视频平台的运营场景中，经常在直播中打赏的用户按照不同的价值度进行划分，然后对不同价值度的用户发放不同的优惠。

有时，产品经理会按照经验制定月付费次数的标准划分（见图4-10），假如我们以付费次数10和100作为临界值来对用户的价值度进行划分，就可以得到3种不同价值的用户。

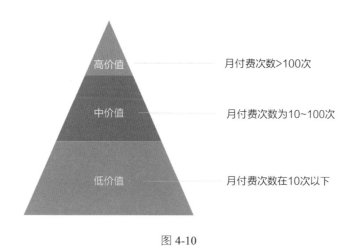

图 4-10

当用户的月付费次数在10次以下时，就被划分为低价值用户，当用户的月付费次数介于10~100次之间，则被划分为中价值用户，当用户的月付费次数在100次以上时，则被划分为高价值用户。

这种划分方法简单来看是没有大问题的，但并不是科学的方法。这种划分方法主要的缺点有两个。

（1）只用单一的付费次数来衡量用户的价值度，没有考虑用户的付费金额等其他的特征维度。如果一个用户的付费次数很频繁，但付费金额小，那么他的价值度可能不如另外一个付费次数少于他的，但付费金额比他多很多的用户。

（2）人为制定的划分价值度高低的临界点没有很强的科学性，将大多数划分为高价值用户，这肯定是不合理的。科学的划分标准应该是根据整体的用户付费的行为数据特征来找出临界值。

一般来说，肯定是高价值用户的数量远远少于低价值用户，但这种数量比与我们的划分标准紧密相关，不同的人制定的划分标准不同，也因此制定出来的高价值和低价值用户的差别就会较大。

所以，我们需要去用一种科学的、通用的划分方法做用户分群。而RFM作为用户价值划分的经典模型，其利用用户付费行为的多个特征来对用户的价值进行划分，可以有效地解决这种分群的问题。

1. 什么是 RFM

RFM 模型利用 R、F、M 三个特征对用户进行划分（见图4-11）。

R表示最后一次付费日期距离现在的天数，比如，你在12月20日给一个主播打赏，到现在距离的天数是5，那么R就是5。R用来刻画用户的忠诚度，一般来说，R值越小，表示用户忠诚度越高。

F表示一段时间内的付费频次，用于刻画用户付费行为的活跃度。我们认为，用户的付费行为频次越高，一定程度上代表他的价值度越高。

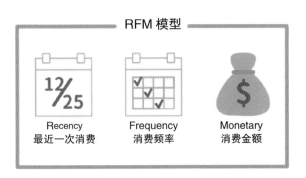

图 4-11

M表示一段时间内的付费金额，比如，一个月付费了10000元，则M=10000。

以上是我们从用户的忠诚度、活跃度、"土豪"度3个方面刻画一个用户的价值度。根据R、F、M的值，可以把用户划分为以下类别。

重要价值用户：R值低，F值高，M值高，这种用户价值度非常高，因为忠诚度高，付费频次高，付费金额也高。

重要召回用户：R值低，F值低，M值高。因为付费频次低，但付费金额高，所以是重要召回用户。

重要发展用户：R值高，F值低，M值高。因为忠诚度不够，所以需要大力发展。

重要挽留用户：R值高，F值低，M值高。因为忠诚度和活跃度都不够，很容易流失，所以需要重点挽留。

还有4种其他用户，这里就不一一列举了。

2.RFM 如何进行用户分群

（1）可以利用SQL计算每一个用户的R、F、M值，最终得到的数据格式如图4-12所示。

userid	R	F	M
111	2	70	100
2222	3	55	200
333	5	67	66

图 4-12

（2）使用Python读取数据和查看数据，代码如下。

```
pay_data= pd.read_csv ('d:/My Documents/Desktop/train_pay.
csv')
# 路径名 <d:/My Documents/Desktop/train_pay.csv>，填写你自己的路径即
可
pay_data.head ()    # 查看数据前面几行
```

（3）选取要聚类的特征，代码如下。

```
pay_RFM = pay_data[['r_c','f_c','m_c']]
```

（4）开始聚类，因为用户分为8个类别，所以k =8，代码如下。

```
# 创建模型
model_k = KMeans (n_clusters=8, random_state=1)
# 模型训练
model_k.fit (pay_RFM)
# 聚类出来的类别赋值给新的变量
cluster_labelscluster_labels = model_k.labels_
```

（5）对聚类结果中的每一个类别计算，每个类别的数量、最小值、
最大值、平均值等指标，代码如下。

```
rfm_kmeans = pay_RFM.assign (class1=cluster_labels) num_agg =
{'r_c':['mean','count','min','max'],'f_c':['mean','count','min
','max'],'m_c':['mean','sum','count','min','max']}rfm_kmeans.
groupby ('class1') .agg (num_agg) .round (2)
```

（6）把聚类出来的类别和用户id 拼接在一起，代码如下。

```
pay_data.assign (class1=cluster_labels).to_csv ('d:/My
Documents/Desktop/result.csv', header=True, sep=',')
```

3. RFM 模型的应用

重要价值用户：占比11.7%，处于正常水平，R、F、M这3个值都很大，对这部分优质用户要特别关注。

重要召回用户：占比13.28%，交易金额和次数多，但最近无交易，需要运营/业务人员对其进行召回（可用红包、奖励、优惠券等方式）。

重要发展用户：占比16.12%，该类用户占比最多，近期有交易，且平均交易金额也多，交易频次低，所以需要对其识别后进行个性化推荐，增加用户付费次数，提高黏性。

重要挽留用户：占比9.02%，该类用户占比最少，交易金额多于平均值，其付费能力较强，但最近无消费，消费频率低，可能是潜在用户或易流失用户，可以找到这部分用户，让其给出反馈建议等。

潜力用户：占比11.11%，交易次数多，近期也有消费，但整体消费金额低，可能是对价格较敏感或付费能力不足，可以对这部分用户进行商品关联推荐。

新用户：占比14.79%，最近有消费，交易频率和金额也不高，可以对这部分用户增加关怀，推送优惠信息，增加黏性。

一般维持用户：占比13.7%，累计单数高，近期无消费，交易金额不高，这部分用户可能快要流失，可以低成本营销以留住用户。

流失用户：占比10.28%，三项指标均低于平均值，已经流失，有可能不是目标用户，若经费有限，可忽略此类用户。

4.3.4 相关性分析

1. 什么是相关性分析

在数据分析中，经常会遇见的一种问题就是相关性分析，比如，短视频类APP的产品经理需要经常关注用户留存率（是否留下来）和观看时长、收藏次数、转发次数、关注的抖音博主数等是否有相关性，相关性有多大（见图4-13）。

只有知道了哪些因素和用户留存率比较相关，才知道怎么优化，从产品的方向去提升用户留存率，比如，如果用户留存率和收藏数的相关性比较大，那么就要引导用户收藏视频，从而提升相关的指标。

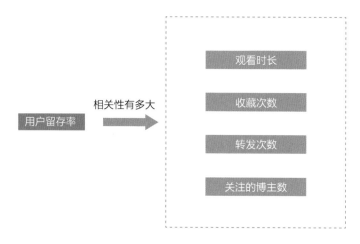

图 4-13

还有类似的需要计算相关性的问题，比如淘宝的用户，他们的付费行为和哪些行为相关，相关性有多大，就可以挖掘出用户付费的关键行为。这种问题就是相关性量化，要找到一种科学的方法计算这些因素和用户留存率的相关性大小，这种方法就是相关性分析。

相关性分析是指对两个或多个具备相关性的变量元素进行分析，从而衡量两个或多个变量因素的相关密切程度。相关性元素之间需要有一定的联系，才可以进行相关性分析。

简单来说，相关性分析的方法主要用来分析两个对象之间的相关性大小。相关性大小用相关系数R来描述，关于R的解读如下。

（1）正相关：如果x、y变化的方向一致，如身高与体重的关系，R>0，那么，

- |R|>0.95，存在显著性相关；

- |R|≥0.8，存在高度相关；

- 0.5≤|R|<0.8，存在中度相关；

- 0.3≤|R|<0.5，存在低度相关；

- |R|<0.3，则关系极弱，认为不相关。

（2）负相关：如果x、y变化的方向相反，如吸烟与肺功能的关系，R<0。

（3）无线性相关：R=0。注意，R=0 不代表它们之间没有关系，可能只是不存在线性关系。

如图4-14所示，R=−0.92 <0，说明横轴和纵轴的数据呈现负相关关系，即随着横轴的数据值越来越大，纵轴的数据值呈现下降的趋势，从R的绝对值为0.92>0.8来看，说明两组数据的相关性高度相关。

如图4-15所示，R=0.88>0，说明纵轴和横轴的数据呈现正相关的关系，即随着横轴的数据值越来越大，纵轴的数据值也随之变大，并且两组数据的相关性也高度相关。

2. 如何实现相关性分析

前面已经介绍了什么是相关性分析方法，那怎么去实现，下面以Python 的实现方法为例进行介绍。

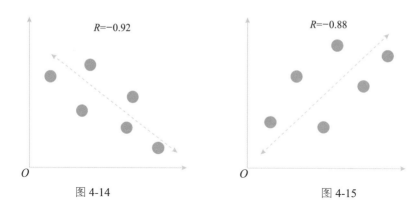

图 4-14   图 4-15

（1）导入数据集，这里以tips数据集为例，代码如下。

```
import numpy as npimport pandas as pd
import matplotlib.pyplot as plt
import seaborn as sns%matplotlib inline
## 定义主题风格 sns.set (style="darkgrid")
## 加载 tipstips = sns.load_dataset ("tips")
```

（2）查看导入的数据集情况，字段含义如下。

total_bill：总账单数

tip：消费金额

sex：性别

smoker：是否吸烟

day：天气

time：晚餐（dinner），午餐（lunch）

size：顾客数

例如，输入如下代码。

```
tips.head () # 查看数据的前几行
```

输出结果如图4-16所示。

	total_bill	tip	sex	smoker	day	time	size
0	16.99	1.01	Female	No	Sun	Dinner	2
1	10.34	1.66	Male	No	Sun	Dinner	3
2	21.01	3.50	Male	No	Sun	Dinner	3
3	23.68	3.31	Male	No	Sun	Dinner	2
4	24.59	3.61	Female	No	Sun	Dinner	4

图 4-16

（3）最简单的相关性计算代码如下。

```
tips.corr（）
```

输出结果如图4-17所示。

（4）将任意两个数据的相关性进行可视化，比如，total_bill 和 tip 的相关性，可以输入如下代码。

	total_bill	tip	size
total_bill	1.000000	0.675734	0.598315
tip	0.675734	1.000000	0.489299
size	0.598315	0.489299	1.000000

图 4-17

```
## 绘制图形，根据不同种类的三点设定图注
sns.relplot（x="total_bill", y="tip", data=tips）;
plt.show（）
```

输出结果如图4-18所示的散点图可以看出，总账单数和消费金额基本呈正相关，账单数越高，消费金额也会越多。

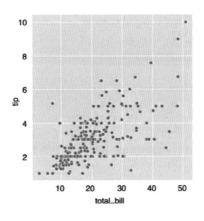

图 4-18

（5）如果要看全部任意两两数据的相关性的可视化效果，则输入如下代码。

```
sns.pairplot（tips）
```

输出结果如图4-19所示。

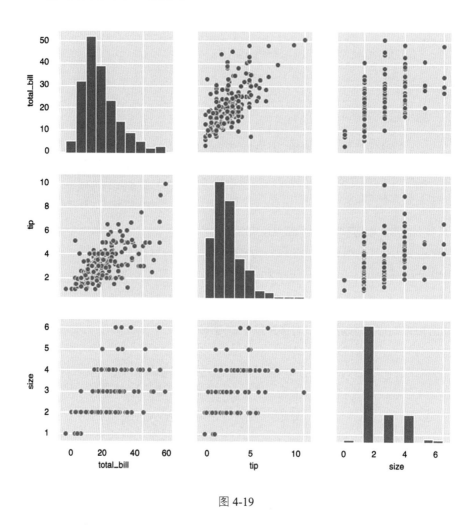

图 4-19

（6）如果要分不同的人群，例如，将吸烟和非吸烟的顾客进行区分，分别比较总账单total_bill和消费金额tip的关系，代码如下。

```
sns.relplot (x="total_bill",y=»tip»,hue=»smoker»,data=tips)＃利
用 hue 进行区分
plt.show ()
```

输出结果如果4-20所示。

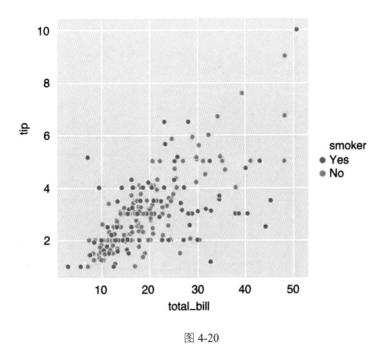

图 4-20

（7）还可以进行其他相关性分析，代码如下。

```
sns.pairplot (tips,hue ='sex')
```

输出结果如图4-21所示。

我们可以看到，对于男性和女性群体，在同样都是账单金额越高、消费金额越高的样例中，男性消费比女性消费高。关于顾客数量和消费金额的关系，同样的顾客数量，男性消费比女性消费高。关于顾客数量和总账单金额的关系，同样的顾客数量，男性比女性消费更多。

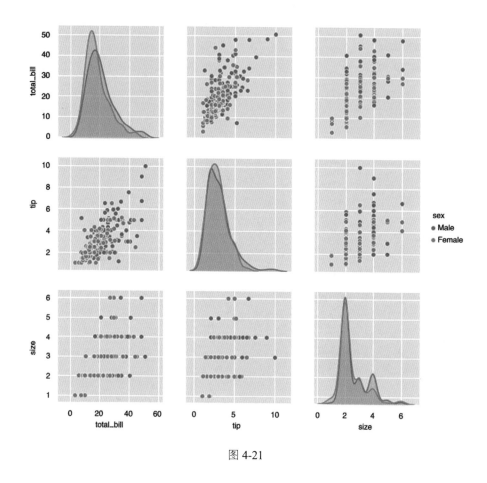

图 4-21

4.3.5 用户画像分析

1. 什么是用户画像分析

我们经常在淘宝网购物，作为淘宝方，他们想知道用户是什么样的，年龄、性别、城市、收入、购物品牌偏好、购物类型、平时的活跃程度等，这样的一个用户描述就是用户画像分析。

在实际工作中，用户画像分析是一个重要的数据分析手段，帮助产品策划人员对产品功能进行迭代，帮助产品运营人员做用户增长。

作为产品策划人员，需要策划一个好的功能，获得用户最大的可见价值与隐形价值、必须价值与增值价值，那么了解用户并做用户画像分析，是数据分析师帮助产品策划做更好的产品设计重要的一个环节。

作为产品运营人员，比如针对用户的拉新、挽留、付费、裂变等的运营，用户画像分析可以帮助产品运营人员去找到他们的潜在用户，从而用各种运营手段去触达。因为，当我们知道群体特征时，也基本可以判定潜在用户也是类似的一群人，这样才可以精准地寻找新用户，提高ROI。

总的来说，用户画像分析就是基于大量的数据，建立用户的属性标签体系，同时利用这种属性标签体系去描述用户。

2. 用户画像分析的作用

用户画像分析的作用主要有以下几个方面（见图4-22）。

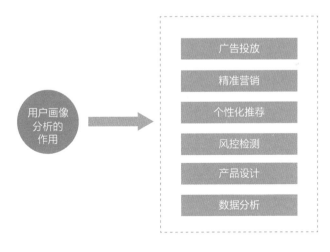

图 4-22

（1）广告投放。

在做用户增长时，我们需要在一些外部渠道投放广告，吸引可能的潜在用户，比如，B站在抖音上投放广告。

我们在选择平台进行投放时，有了用户画像分析，就可以精准地进行广告投放，比如，抖音中主要的用户年龄为是18～24岁，那么广告投放时就可以针对这部分用户群体，提高投放的ROI（见图4-23）。假如我们没有进行用户画像分析，那么可能会出现投了很多次广告，结果没有人点击的情况。

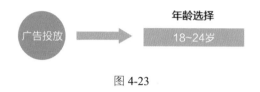

图 4-23

（2）精准营销。

假如某个电商平台需要做一个活动，给不同层次的用户发放不同的券，就需要利用用户画像分析对用户进行划分，比如，划分成不同付费次数的用户，然后根据不同付费次数发放不同的优惠券。给付费次数在1～10次的用户发放10元优惠券，依此类推（见图4-24）。

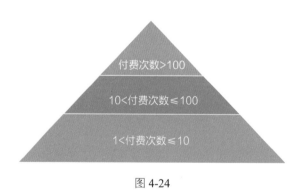

图 4-24

（3）个性化推荐。

个性化推荐即精确的内容分发，比如，我们在音乐类APP中会看到每日推荐，这是因为运营人员在做点击率预估模型（预测给你推荐的歌曲会不会被点击）时，会考虑用户画像属性，这样才有可能推荐用户喜欢的类型。比如，根据你是"90后"，喜欢伤感的音乐，喜欢周杰伦这些属性，推荐类似的歌曲给你，这就是基于用户画像推荐。

（4）风控检测。

风控检测主要是金融或者银行业涉及得比较多，常见的问题是银行怎么决定是否放贷给申请人。普遍的解决方法是搭建一个风控预测模型，预测申请人是否有可能不还贷款。模型的背后就有用户画像分析的功劳。用户的收入水平、教育水平、职业、是否有家庭、是否有房子，以及过去的诚信记录，这些画像数据都关系到模型预测是否准确（见图4-25）。

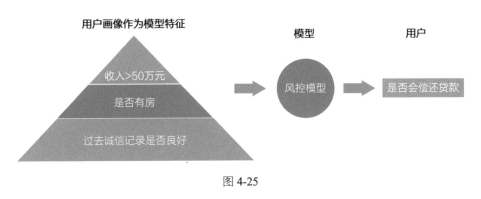

图 4-25

（5）产品设计。

互联网的产品价值离不开用户、需求、场景这三大元素，所以在做产品设计时，要知道用户到底是怎样的一群人，他们的具体情况是什么，他们有什么特别需求，这样才可以设计出对应解决他们需求和痛点的产品功能。

在产品功能迭代时，我们需要分析用户画像行为数据，发现用户的流失情况。典型的场景是用漏斗模型分析转化情况，就是基于用户的行为数据发现流失严重的页面，从而优化对应的页面。比如，我们发现从下载到点击付款的转化率特别低，这可能是付款按钮做得有问题，可以有针对性地优化按钮的位置等。同时，还可以分析这部分转化率主要是在哪部分用户群体中低，假如发现高龄用户的转化率要比中青年的转化率低很多，则有可能是因为字体的设置及按钮位置不显眼等，或者操作不方便。

（6）数据分析。

在进行描述性数据分析时，经常需要用户画像的数据，比如，描述抖音中某美食类博主的用户群体特征，可以关注他们观看其他抖音视频的情况，关注其他博主的情况等（见图4-26）。

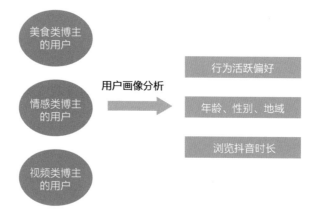

图 4-26

简单来说，用户画像分析可以帮助数据分析师更加清晰地刻画用户。

3. 如何搭建用户画像。

用户画像架构如图4-27所示。

图 4-27

（1）数据层。

进行用户画像分析的基础是获取完整的数据，互联网数据主要是利用打点，也就是通常所说的数据埋点上报的。整个过程是数据分析师根据业务需要提交数据上报的需求，然后由开发人员埋点，获得数据（见图4-28）。

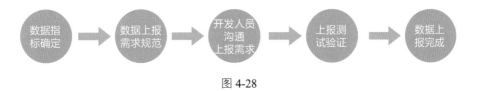

图 4-28

除了上报的数据，还有从数据库中同步的数据，一般会存到Hive表中，按照数据仓库的规范，根据主题来放置。其他数据，比如调研的数据，以Excel格式存在，就需要把Excel 数据导入Hive 表中。

（2）挖掘层。

有了基础数据以后，就进入挖掘层，挖掘层主要做两件事情，一个是数据仓库的构建，另一个是标签的预测，前者是后者的基础。

一般来说，我们会根据数据层的数据表，对这些数据表的数据进行清洗、汇总，然后按照数据仓库的分层思想，比如按照数据原始层、数据清洗层、数据汇总层、数据应用层等进行表的设计（见图4-29）。

图 4-29

数据原始层中的数据就是上报的数据，没有经过数据清洗处理，是最外层的用户明细数据。

数据清洗层主要是数据原始层的数据经过简单清洗之后的数据，已去除"脏"数据等明显异常的数据。

数据汇总层的数据主要是根据数据分析的需求，针对想要的业务指标（比如，用户一天的听歌时长、歌曲数、歌手数等），按照用户的维度，把用户行为进行聚合，得到用户的轻量指标的聚合表。

数据汇总层的作用主要是可以快速汇总数据，比如，一天的听歌总数、听歌总时长、听歌时长高于1小时的用户数、收藏歌曲数多于100的用户数等的计算。

数据应用层主要面向业务方的需求进行加工，可能是在数据汇总的基础上加工成对应报表的指标需求，比如，每天听歌的人数、次数、时长；搜索的人数、次数、歌曲数等。

按照规范的数据仓库把表格设计完成后，就可以得到一部分用户的年龄、性别、地域的基础属性数据，以及用户浏览、付费、活跃等行为数据。

有些用户的数据无法获取，以QQ音乐为例，我们一般无法获取用户的听歌偏好属性的数据，需要通过机器学习模型对用户的偏好进行预测（见图4-30）。机器学习的模型预测都是基于数据仓库的数据，完整的数据仓库数据是模型特征构建的基础。

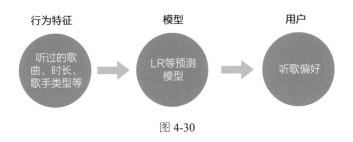

图 4-30

（3）服务层。

有了数据层和挖掘层以后，用户画像体系基本形成，那么就到了用户画像赋能的阶段。最基础的应用就是利用用户画像宽表的数据，对用户行为进行洞察归因，挖掘行为和属性特征的规律。

另外，比较大型的应用就是搭建用户画像平台，其本质是用户画像表的集成。

- 用户提取：我们可以利用用户画像平台，快速提取用户数据，比如，提取18~24岁的女性群体，且听过周杰伦歌曲的用户。

- 分群对比：可以利用用户画像平台进行分群对比。比如，比较音乐类APP中VIP用户和非VIP用户在行为活跃和年龄、性别、地域、注册时间、听歌偏好上的差异。

- 功能画像分析：可以利用用户画像平台快速进行某个功能的用户画像描述分析，比如，音乐类APP中的每日推荐功能，我们想要知道使用每日推荐的用户是哪些用户群体，以及使用每日推荐不同时长的用户特征分别是怎样的。

4.3.6 Aha 时刻

1. 什么是 Aha 时刻

Aha时刻（Aha moment）也被称为惊喜时刻，是用户第一次认识到产品价值时，脱口而出："啊哈，原来这个产品可以帮我做这个呀！"简单来说，就是用户第一次使用产品时的惊喜体验。

Aha时刻主要发生在用户激活阶段，它是用户激活的关键。当用户被吸引来后，并不是所有的用户都会转化成活跃用户，如果用户获得Aha时刻，即从产品中发现了价值，就会顺利转化成活跃用户，而且较容易转化成黏性较高的忠诚用户。

Aha时刻并不是虚无缥缈的，它有一些具体的规律：清晰、具体、可量化。总的来说，可以用一句话来描述：（谁）在（多长时间内）完成（多少次）（什么行为）？

以下列举出几个代表性APP的用户Aha时刻。

- 支付宝，7天内稳定使用支付宝3个以上的功能。

- Faceu（激萌），每天利用滤镜完成1张照片的美化。

- Airbnb，6个月内完成首次订单，并且有4星以上评价。

2. Aha 时刻的价值

单个用户在产品中生命周期包含4个阶段，拉新→激活→留存→流失。由于拉新（获取新用户）的成本越来越大，所以我们希望每获取一个用户，都能够尽可能地留下来，所以"拉承一体化"的打法非常重要。

不只是把用户从渠道利用采买的方法吸引过来，同时要做好用户进入APP后的承接。那怎么做承接呢？需要针对用户进行相对应的Aha 时刻的分析，发现留存的Aha时刻。

当我们找到用户的Aha 时刻后，就可以有针对性地引导用户去找到他们的Aha 时刻，从而提高用户留存率。比如，短视频类APP，通过数据分析发现，7天内用滤镜拍了3个视频的用户的留存率会大大提高，那么产品经理就可以引导用户多用滤镜拍视频，同时也可以对滤镜的功能进行相应的优化。

3. 如何挖掘 Aha 时刻

如何挖掘一款APP的Aha 时刻呢？我们会在5.5节以用户留存为例，介绍怎么利用数据分析挖掘用户留存的Aha时刻。

当我们找到用户的Aha时刻时，就要与产品经理或者运营人员沟通，如何通过现在端内一些产品功能的优化提高用户的登录天数、观看主播数等。

若要提高用户的登录天数，可以利用登录签到领取礼包的方式诱发用户去登录，让用户达到具体的Aha时刻的数字，比如一周引导用户登录3天就可以领取一个大奖。

若要提高用户的观看主播数，可以在用户观看直播时推荐一些相关的主播，这些主播可能是用户喜欢的同种类型的主播，或者是根据用户兴趣标签选出来的可能喜欢的主播。

因为所有的策略要围绕用户+需求+场景设计，用户在进入直播间时，这是一种场景，在这个场景下，用户对可能喜欢的其他主播有一定需求。这样产品的承接形态也比较自然。

4.3.7　5W2H 分析法

在数据分析岗位的面试中，你是否不止一次遇到以下问题。

- DAU降低了怎么分析？

- 用户留存率下降了怎么分析？

- 订单数量下降了怎么分析？

像这样的问题，如果没有科学的思维框架来梳理思路，就会有一种想要说很多个点，但不知道先说哪一个点的问题。这会造成回答很乱，没有条理性，同时有可能会漏掉很多内容。

回答这种类似的问题时，大多数情况下都可以利用5W2H方法组织思路，做到逻辑清晰。DAU下降了，5W2H分析法会教你如何拆解DAU下降的原因，并归类及给出建议。用户留存率下降了，5W2H分析法会教你拆解用户，归纳不同群体的用户留存率下降的原因。订单数量下降了，5W2H分析法助力漏斗分析，可以快速挖掘流失的关键步骤、关键节点。

1. 什么是 5W2H 分析法

5W2H分析法主要由5个以W开头的英语单词和两个以H开头的英语单词组成，这7个单词为我们提供了问题的分析框架（见图4-31）。

（1）5W的内容。

- What：发生了什么？即问题是什么，What的精髓在于告诉我们第一步要认清问题的本质是什么。

- When：何时？在什么时候发生的？问题发生的时间，比如，DAU下降了，就是下降的具体时间分析，这个时间是不是节假日等。

- Where：何地？在哪里发生的？拆解其中一个环节，比如，DAU下降了，那么是哪一个的地区DAU下降了，是哪一个功能的使用人数下降了等。

- Who：是谁？比如，DAU下降了，是哪一部分的用户群体在降，年龄、性别、使用APP时长等。

- Why：为什么会这样？比如，某个地区的DAU下降了，其他地方的没有下降，那可能是这个地区的APP在使用过程中有什么问题。

图 4-31

（2）2H的内容。

- How：怎样做？知道了问题是什么以后，就到了策略层，我们要采取什么方法和策略去解决DAU下降的问题。

- How much：多少？做到什么程度？这个主要是采取对应的策略可能花费的成本是多少，以及这个问题要解决到什么程度才可以。

2. 5W2H 在实际案例中的应用

（1）背景。

某APP的付费人数一直在减少，如何通过数据分析帮助产品和业务人员挖掘对应的付费用户的流失原因，并给出对应的解决策略。

（2）分析思路。

尝试用5W2H分析法拆解这个问题（见图4-32）。

图 4-32

What：我们的问题是付费人数开始减少了，表现可能是同比和环比数据都是下降的。

When：整体的流失数据很难看出问题，所以我们需要分析不同的流失周期的用户占比，从而分析出现流失的付费用户主要集中在哪个周期。

Where：付费的入口和不同付费点的分析，主要是分析哪一个入口的付费人数流失严重或者哪个功能的付费人数流失严重，挖掘关键位置。

Who：对用户的属性和行为进行分析，分析流失的这部分用户群体是否具有典型的特征，比如，集中在老年群体、集中在某个地区等。行为的特征分析表现在流失用户的行为活跃表现是怎样的，比如，是否还在APP中活跃，以及活跃时长和天数等的分析。

Why：通过上面的分析，就可以大致得出用户流失的原因，需要把数据结论和猜想对应起来看，并做好归纳总结。

How：当我们挖掘和分析出付费用户流失的原因以后，需要采取对应的策略减少流失的速度，同时针对流失的用户进行挽留和召回。

How much：在通过数据分析给出对应的策略时，也需要帮助业务方评估策略大概需要的成本，让业务方知道这个策略的可行性及价值。

（3）分析过程。

不同用户的流失周期比例分析如图4-33所示。大部分群体的流失周期还不是很长，说明整体来说用户的流失是最近刚发生的，同时说明我们有能力可以针对这部分流失用户利用策略进行挽留。

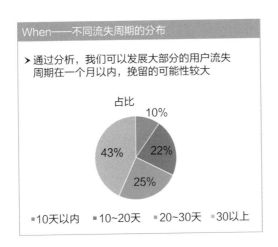

图 4-33

不同付费入口的拆解分析（见图4-34）。

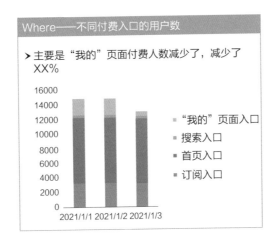

图 4-34

对比4个主要的付费入口，分析每天付费人数的走势，发现付费人数的减少主要集中在"我的"页面入口，"我的"页面入口付费降低的可能原因是什么呢？这就需要与业务方一起分析对应的原因，比如，可能要分析这个位置的付费功能的每一个环节的流失情况（结合漏斗分析）。

分析出"我的"页面中付费功能具体的流失环节后，再有针对性地进行调整迭代。

（4）用户特征分析（见图4-35）。

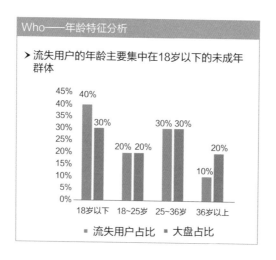

图 4-35

从用户特征分析可以看出流失的用户群体是哪一类人，具有什么特点，可以使我们对流失的用户群体有一个更清晰完整的洞察。

这里以年龄为例，分析流失的付费用户的年龄特征，会发现主要集中在18岁以下的未成年群体，这部分用户群体为什么流失呢？就需要结合用户反馈等一起分析。

除了年龄，还可以分析流失用户的性别特征、城市级别特征、活跃时长和活跃天数、经常使用的功能等。

（5）原因总结归纳。

通过分析，流失的主要原因是由于"我的"页面的付费功能，可能是具体的某个付费转化环节出现了问题。流失的用户群体主要是18岁以下、男性、三线城市（假设）。流失的用户群体的活跃时长、活跃次数、活跃天数等没有明显下降。

（5）策略落地。

本环节需要与业务方反馈数据分析结论，然后结合产品经理或运营人员的经验及用户反馈等进一步确定原因。

如果确定是"我的"页面中付费功能的某个环节出现问题，就需要有针对性地进行改进，同时采用A/B测试的方法验证策略是否有效。

4. 总结

5W2H分析法从问题出发，有一套科学完整的分析思路，可以对造成问题的原因进行推测，并提出相应的解决方案，最终解决问题，形成闭环。

当然，理论很美好，在实际应用过程中可能还会遇到各种各样的业务场景，针对不同的业务场景，整体的框架还是不变的，但分析的维度需要根据不同的产品形态和业务特性来进行调整。

4.3.8　麦肯锡逻辑树分析法

1. 什么是逻辑树

逻辑树又被称为问题树、演绎树或者分解树，是麦肯锡公司提出的分析问题、解决问题的重要方法（见图4-36）。

首先它的形态像一棵树，把已知的问题比作树干，然后考虑哪些问题或者任务与已知问题有关，将这些问题或子任务比作逻辑树的树枝，一个大的树枝还可以继续延续伸出更小的树枝，逐步列出所有与已知问题相关联的问题。

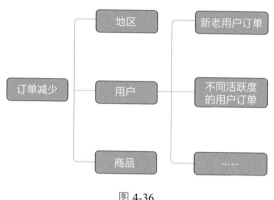

图 4-36

总的来说，逻辑树满足以下3个原则。

- 要素化：把相同问题总结归纳成要素。

- 框架化：将各个要素组织成框架，遵守不重不漏的原则。

- 关联化：框架内的各要素保持必要的相互关系，简单而不孤立。

2. 逻辑树的作用

在数据体系的搭建过程中，需要借助逻辑树的思路将业务的整体目标进行结构化拆解，然后转化成可以量化的数据指标，再转变为指标体系。例如，如图4-37所示的用OSM模型搭建数据体系的思路就是借助了逻辑树的思路。

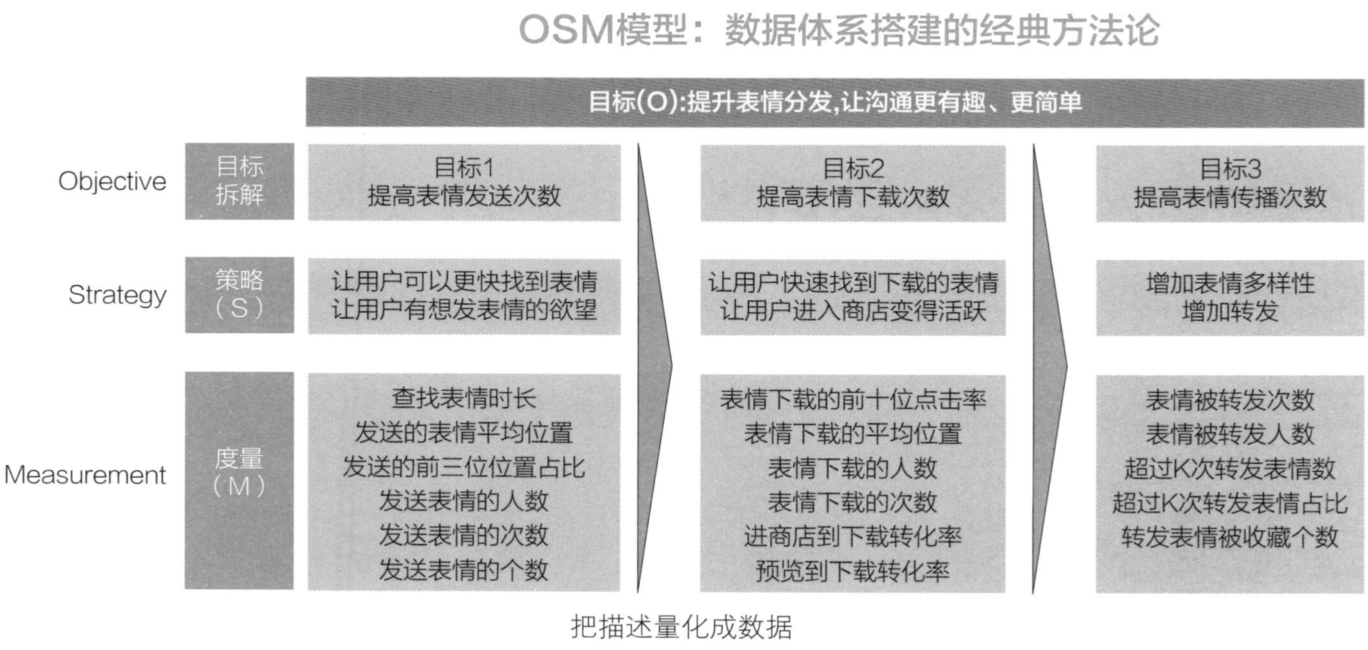

OSM模型：数据体系搭建的经典方法论

	目标（O）：提升表情分发，让沟通更有趣、更简单		
目标 拆解 Objective	目标1 提高表情发送次数	目标2 提高表情下载次数	目标3 提高表情传播次数
策略 （S） Strategy	让用户可以更快找到表情 让用户有想发表情的欲望	让用户快速找到下载的表情 让用户进入商店安得活跃	增加表情多样性 增加转发
度量 （M） Measurement	查找表情时长 发送的表情平均位置 发送的前三位位置占比 发送表情的人数 发送表情的次数 发送表情的个数	表情下载的前十位点击率 表情下载的平均位置 表情下载的人数 表情下载的次数 进商店到下载转化率 预览到下载转化率	表情被转发次数 表情被转发人数 超过K次转发表情占比 超过K次转发表发人数 转发表情被收藏个数

把描述量化成数据

图 4-37

业务的整体目标是提高表情的分发次数，让沟通中使用表将会更有趣、更简单。通过逻辑树分析法，我们可以进行第一步的目标拆解，将整体目标拆解为提高表情发送次数、提高表情下载次数、提高表情传播数。

提高表情发送次数，可以通过内容和功能维度去解答。在内容方面，要提升表情的丰富度、有趣度、新颖度和表达度等，让用户有发这个表情的欲望；在功能方面，也要有针对性地进行优化，比如，想要提高用户查找表情的效率，就要缩短查找表情的时间。

提高表情下载次数，也同样分为内容和功能两个方面。在功能方面，涉及怎样把每个用户喜欢的表情排在前面，这样用户可以快速找到他们想要下载的表情。另外，也要通过功能的优化，提高用户进入表情商店的比例，从源头上保证有足够的用户数都能够进入表情商店。在内容方面，要对表情商店中表情的丰富度和吸引力等方面进行优化。

提高表情传播次数，也需要在内容和功能方面进行优化，这就涉及社交关系的传播和表情的关系，除了要引导用户下载自己喜欢的表情，还要引导用户下载他和朋友共同喜欢的表情。

3. 数据问题的分析

针对用户订单数减少的问题的分析，可以利用逻辑树分析法，定位到可能的流失原因，再用数据验证。比如，某个电商平台的订单数减少，可以利用逻辑树拆解，从地区、用户、商品类型等多个维度思考（见图4-38）。

从地区的角度，整体的订单数减少，需要分析是哪个地区减少了，可以细分到省、市。

从用户的角度，分析是哪一类用户的订单在减少，同时还可以区分不同活跃度的用户在订单上的表现。

从商品的角度，分析哪个品类的商品订单数减少了。

图 4-38

4. 逻辑树分析法在 DAU 分析中的应用

背景：某电商APP的DAU下降了，需要分析为什么DAU会下降，这也是数据分析面试中的经典问题。在回答这个问题时，为了使答案具有条理，需要应用逻辑树分析法分析思路（见图4-39）。

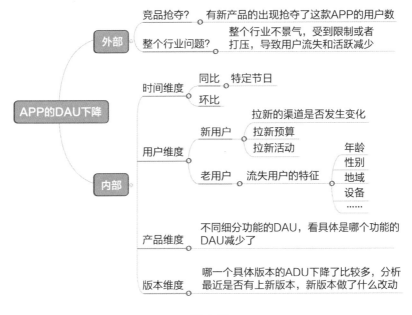

图 4-39

首先，从最大的两个思路切入，拆分成外部和内部因素。一般在分析这个问题时，很容易忽略外部因素，外部因素也是很重要的一部分。外部因素主要分析两个方面，竞品和行业。

竞品分析，分析是否因为竞品的崛起而导致一部分用户转移到他们那边去了。

行业分析，可以借助PEST等分析方法，分析这个行业的外部环境是否变得恶劣，比如生活、经济、政策、政治等外部原因。

假如外部没有明显的问题，这才进入到内部因素的排查。内部因素主要有4个方面。

（1）时间因素。在实际工作中，DAU等数据指标有大幅度波动可能是因为节日引起的。假如这个DAU只是环比下降，同比没有明显变化，甚至可能与去年比还是上升的，那么很大的概率是因为节假日的影响。

（2）用户维度。整体的DAU= 新用户+老用户，需要分析是哪一部分的用户数减少。

如果新用户减少，这与获取新用户的渠道质量、渠道费用，以及获取新用户后的运营活动相关（见图4-40）。

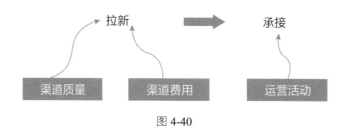

图 4-40

所以，可以分开拆解，是否是渠道本身的质量问题，需要分析渠道在投放广告后是否起量。同时也要看我们投放广告的钱是否减少，这会直接影响到我们能获取多少新用户，预算直接决定了获取新用户的上限。

获取的新用户要使其保持活跃，通常会需要运营活动或其他策略的承接，也就是业界说的"拉承一体化"，所以要分析运营活动的效果或者其他策略的效果是否影响承接，导致这部分用户的活跃度下降。

除了分析新用户，老用户的分析也是非常重要的，主要有常用的用户画像分析，这部分可以参照4.3.5节。主要分析老用户数是否下降，如果下降了，就需要分析这部分用户群体具有什么样的特征，可以输出一个下降用户的完整行为和基础属性的洞察，比如，下降的用户群主要是18岁以下的未成年人等。

（3）产品维度。如果分析出是所有类型的用户、所有渠道的用户都在下降，那就可能是产品本身的功能引起的。我们需要排查与DAU相关的主要功能模块，这些功能的DAU是否下降了。一般来说，如果没有新版本上线，用户数量下降可能是由于功能BUG引起的。

产品本身的排查比较麻烦，因为有可能定位某个功能的人数变少了但不知道原因，这时可以借助用户反馈，从用户反馈中发现一些问题。

（4）版本维度。首先拆分不同的版本，分析不同版本的人数情况，然后定位是否是某个版本的问题。

4.3.9　漏斗分析法

漏斗分析是一种可以直观呈现用户行为步骤及各步骤之间转化率的分析方法。

如图4-41所示，对应我们每一次在淘宝上的购物，从打开淘宝APP到搜索商品、查看商品详情、添加购物车、下单，到成功交易，漏斗分析法可以帮助我们计算每一个环节的转化率。从打开淘宝APP到搜索商品的转化率，从搜索商品到查看商品详情的转化率，从浏览商品详情到添加购物车的转化率，从添加购物车到下单的转化率等。

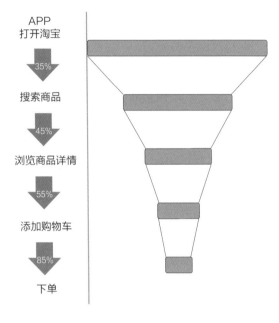

图 4-41

1. 漏斗分析法的价值

漏斗分析法的价值主要体现在功能优化、运营投放、用户流失等方面（见图4-42）。

图 4-42

（1）功能优化。

如图4-43所示，以视频制作工具为例，我们可以明显看出，进入到上传视频的转化率只有80%，可能是上传入口不明显、上传的引导不够、上传功能的吸引程度不够等原因引起的，需要优化上传功能。

图 4-43

（2）运营投放。

以运营投放为例，在实际业务中经常会对一些定向用户投放活动，让他们参加活动，比如，针对游戏的业务，会定期针对潜在的付费用户投放一批充值优惠大礼包活动。

如图4-44所示，触达到参与的转化率只有62.5%，说明我们选的定向用户可能对活动不是非常感兴趣，所以可以重新选取其他更加可能响应的用户来进行定向推送。

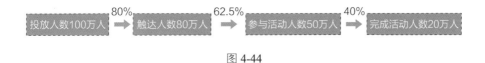

图 4-44

那怎么选取最有可能参与活动的用户呢？最简单的方法是用户特征分析，我们可以分析出参与活动和不参与活动的特征差异，进行对比，也就是采取对比的分析方法，具体可以参见4.3.1节。

另外一种提高用户参与率的方法就是利用模型提前预测哪些用户可能会参与活动，可能使用的模型如决策树\逻辑回归等。

（3）用户流失。

以淘宝APP为例，假如某个店的订单人数下降了，就需要梳理用户购买链路，把用户从打开APP到下单的所有链路都梳理一遍，然后利用漏斗分析法，计算每个环节的转化率。

如图4-45所示，假如我们在梳理链路时发现，从搜索商品到查看商品的转化率很低，那么就需要看一下是否有很多搜索无结果，或者搜索的结果很多用户不太满意，导致用户不买单。就可以把电商的付费问题转化为搜索问题，从而可以对搜索的整个转化链路再做一次漏斗分析，一步步定位问题。

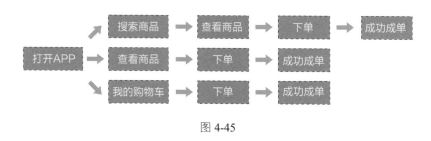

图 4-45

2. 漏斗分析的应用

在用户增长分析中最著名的漏斗模型叫作AARRR，即从用户获取、用户激活、用户留存、用户付费到用户传播（见图4-46）。

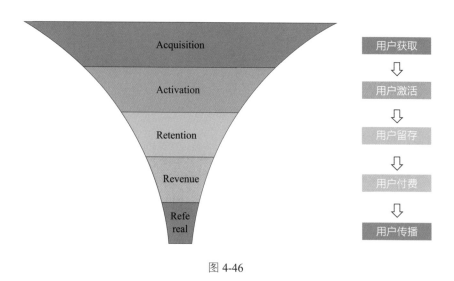

图 4-46

下面以拼多多为例，用AARRR漏斗模型解析拼多多的用户增长之路。

（1）用户获取。

拼多多主要的目标群体在三四线城市的用户，这也属于现有电商平台比较空白的区域，对三四线城市的用户来说，最好的吸引方案就是优惠。

三四线城市的用户时间一般比较充足，时间成本于他们而言是非常低的，而砍价也是一种惯常的方法，在这个群体没有太多的社交压力，砍价甚至可以变成一种联系的手段，砍价群又何尝不是一种交流。他们也很乐意用时间和社交成本来换取更大的优惠，所以砍价这种优惠活动红极一时，也帮助拼多多获取了很多流量。

砍价活动借助微信朋友圈和微信群的关系链，成为爆发式的转发和增长，一般亲朋好友不会拒绝"帮好友砍一刀"（见图4-47）。

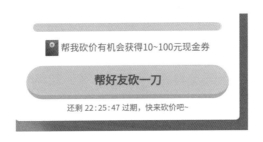

图 4-47

（2）用户激活。

当获取到新用户后，就要尽最大努力激活他，拼多多采取的做法与获取新用户类似，就是不断使用户传播去触达好友。

当一个用户被其他朋友反复触达时，自然而然就会打开曾经下载过的APP，在其他朋友感受到拼多多"百亿补贴"，以及其他各种优惠活动"真香"时，自己也会去尝试。

（3）用户留存。

为了提高用户留存，拼多多策划了一个签到领取奖品的活动，鼓励用户每天打开APP签到打卡，签到满×××天就可以赠送对应的商品礼物，这大大促进了拼多多用户群体的"薅羊毛"心理（见图4-48）。

图 4-48

除了这个活动，拼多多还设置了各种小活动（见图4-49），满足不同用户群体的需要，在玩小任务的过程中领取对应的奖励。

（4）用户付费。

拼多多以各种福利券的方式刺激用户下单，如图4-50所示，在页面上可以直接看到券后价格。

图 4-49

图 4-50

非常出名的"百亿补贴",直接用大额现金给用户补贴,这个打法把一二线城市的用户也转化了。

还有0元下单、限时优惠、限时秒杀、9.9元特卖等都是促使用户下单的活动,页面上也是各种"××已经拼单"等文字提醒,引导用户,也促进用户下单。

(5)用户传播。

用户传播主要依赖微信这个流量大平台及微信关系链,有些商品要转发给朋友才可以领取现金及拼单优惠,在这些优惠面前,转发的成本变得很小。

另外,拼多多上有一些真正实惠又好用的高性价比商品,这种商品会引发朋友之间互相推荐。

以上的一些原因,拼多多的商品和玩法在朋友之间疯狂流传,在传播过程中,每个用户都熟知了拼多多可以做到这么实惠的玩法,被触达的用户又会开始新的转发,从而引爆增长。

第 5 章

用户留存分析

本章从什么是用户留存到常见的用户留存问题，给读者呈现一个完整的数据分析案例。

5.1 什么是用户留存

在互联网行业中，用户在某段时间内开始使用应用，经过一段时间后，仍然继续使用该应用的用户，被认作是留存用户。

这部分用户占当时新增用户的比例，即用户留存率，会按照每个单位时间（例如日、周、月）来进行统计。顾名思义，留存指的是"有多少用户留下来了"。留存用户和留存率体现了应用的质量和保留用户的能力。

- 新增用户留存率=新增用户中登录用户数/新增用户数×100%（一般统计周期为天）。

- 新增用户数：在某个时间段（一般为第一整天）新登录应用的用户数。

- 登录用户数：登录应用后至当前时间，至少登录过一次的用户数。

- 第N日留存率：指的是新增用户日之后的第N日依然登录的用户占新增用户的比例。

第1日留存率（即"次留"）：（当天新增的用户中，新增日之后的第1天还登录的用户数）/第1天新增总用户数。

第3日留存率：（当天新增的用户中，新增日之后的第3天还登录的用户数）/第1天新增总用户数。

第7日留存率：（当天新增的用户中，新增日之后的第7天还登录的用户数）/第1天新增总用户数。

第30日留存率：（当天新增的用户中，新增日之后的第30天还登录的用户数）/第1天新增总用户数。

如图5-1所示，以2016年7月4日这一天为例，当天的新增用户为163人，第1日留存率为25.8%，第2日留存率为18.4%……

首次使用时间	新增用户	留存率								
		1天后	2天后	3天后	4天后	5天后	6天后	7天后	14天后	30天后
2016-07-04	163	25.8 %	18.4 %	12.3 %	14.1 %	8.6 %				
2016-07-05	156	33.3 %	18.6 %	14.7 %	14.1 %					
2016-07-06	162	32.1 %	16 %	16.7 %						
2016-07-07	144	36.1 %	22.2 %							
2016-07-08	146	30.1 %								

图 5-1

5.2 为什么要进行用户留存分析

当一个新的APP上线时，我们最关心的指标就是活跃用户数及新增的用户数。

我们通过不断加大广告投放，不断开源，提高APP的曝光，从而带来更多新用户。开始时，获取新用户比较容易，新用户增长快速，但慢慢地就会到达瓶颈期，用户增长速度放慢。

所以，如果没有关注用户的留存情况，就会导致我们获取的新用户不断流失，一边不断地获取新用户，一边用户不断地流失，如图5-2所示。

新增用户　　　　　　　　　　　　流失用户

图 5-2

用户快速增长，快速流失，不是可持续的增长方式，留存才是。如果你的产品能随时间的推移保持较高的用户留存率，则说明产品与市场是匹配的，这也是你无论如何都希望实现的。

没有留存，漏斗可能是"漏洞"。我们来看一下如图5-3所示的海盗模型，最能体现用户留存的重要性。

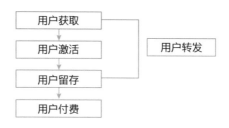

图 5-3

留存是转化漏斗里承上启下的关键，一边连着拉新和激活，把用户沉下来，另一边牵着转化和口碑，让真正沉下来的用户，更好地转化和传播。所以，留存才是一种持续增长的心态，只有留存做好了，漏斗才不会变"漏洞"。

下面我们用5组数据来说明为什么应该把留存看得更重要。

数据1：10%的用户在下载APP的一周后仍继续使用，一个月后，这个数字只有2.3%。用户的长期留存很重要，有一些短期留存的用户长期来看都流失了，除了看短期活跃度，还希望用户可以持续活跃在APP中，所以做好长期的留存分析是至关重要的。

数据2：52%的APP会在3个月后失去至少一半的重度用户。即使有了稳定的用户基础，也需要恰当的策略来留住他们。大多数应用的重度用户如果没有经营好，也会流失，而且这部分用户流失的代价远比流失新用户大。

数据3：获取新用户的成本比留存现有用户的成本高5倍以上。互联网的获客成本越来越高，获客难度也越来越大。

数据4：老用户比新用户尝试新功能的可能性高50%。老用户会更愿意尝试APP 新出的功能，他们的行为表现可以让我们更好地发现问题，而新用户通常可能因为本身的质量原因，让我们不知道是功能问题还是用户本身的问题而造成的指标波动。

数据5：Gartner公司预测，你公司未来80%的收入将来自20%的现有用户。企业的大部分收入都来自现有用户，而新增的用户贡献的收入占比较少，因为每一个新增用户都需要经过一个漫长的阶段培养成忠实用户，然后他们才会产生付费的行为，而现有的用户已经使用APP 一段时间了，具有一定的黏性和忠诚度，付费的概率更大。

5.3　影响用户留存的可能因素

1. 获客渠道不精准，用户质量较差

不同来源的渠道用户，对产品的需求会存在明显的差异。因为一些渠道的用户可能天生就不是产品的目标用户，这样获取的新用户自然而然对产品不感兴趣。比如，产品是面向男性用户的，却在小红书上投放很多广告，小红书一直以来都是以女性用户为主的，这样获取的用户就

很难留下来。

当渠道的用户质量较差，用户需求和产品所提供的价值不符时，最终会体现在产品整体的用户留存上。所以，投放的过程要持续监控不同渠道的用户质量，重视投放的精准度，提升用户留存状况。

2. 产品使用路径指引不明，用户体验不佳

用户的期望是使用产品的核心功能，从而发现产品的价值，逐渐成长为产品的忠实用户。新用户初次使用产品时，清晰的引导尤其重要，如果产品本身比较难用，而且没有指引，那么用户使用产品后可能不知道如何操作，就算这个用户是潜在的目标用户，也很难保证不会流失。

3. 产品功能与用户需求预期不符合

当用户发现产品功能不满足预期时，就有可能放弃产品。记录、反馈用户意见是非常有必要的，同时也降低了用户的决策成本，方便用户快速体验产品的核心价值。

4. 产品触发不足，用户使用习惯培养不到位

如果用户在使用产品的过程中，没有形成稳定的习惯，同时缺乏持续的触发引导用户，则一定会对活跃和留存产生不利的影响。

所以，合理的唤醒和触发机制，建立完善的用户成长体系，能改善这种用户沉默的情况。比如一些游戏，通过每日签到领取游戏大礼包的活动培养用户活跃的习惯，从而也提升了用户留存率。

5. 产品吸引力不足，缺乏用户激励

缺乏用户激励机制，用户很难对产品产生持续留存和活跃。比如，拼多多采取了非常多的激励机制，各种领取现金红包和优惠满减的玩法，很大程度上吸引了下沉的用户。

6. 难以实现精细化运营，用户分群欠缺

不同类型的用户在相同需求上，也会表现出明显的差异，单一的服务和权益则无法满足，用户留存同样会受到影响，甚至造成用户流失。

这就需要找到有明显需求差异的用户特征，再提供与之相适合的服务和权益，才能有效改善用户留存情况。比如，腾讯视频VIP 用户的精细化运营就要针对不同付费级别的用户，采用不同的优惠券刺激，才能在每一个不同层次的用户群体中，达到较高的转化率。

5.4　用户留存的 3 个阶段

用户留存有3个阶段：初始阶段、中期阶段和长期阶段。需要对每个阶段进行不同的分析和优化。

1. 用户留存初始阶段（Initial Retention）（见图 5-4 ）

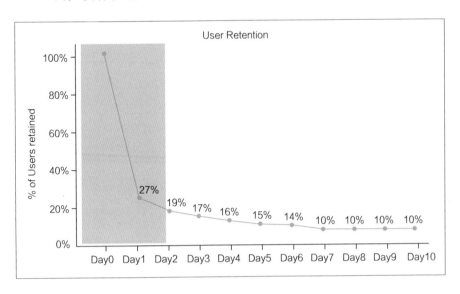

图 5-4

用户留存的初始阶段是最关键的。如何在初始阶段吸引用户对整体留

存的影响远远超过其他任何因素——如果你在初始阶段失败，那么在接下来的阶段将几乎无法弥补。

初始阶段是用户对你的产品和品牌的第一印象。理想情况下，你希望新用户参与核心功能，并尽快了解产品的实用性。一般来说，用户有如图5-5所示两条操作线路。

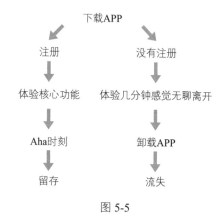

图 5-5

2. 用户留存中期阶段（Mid-Term Retention）（见图 5-6）

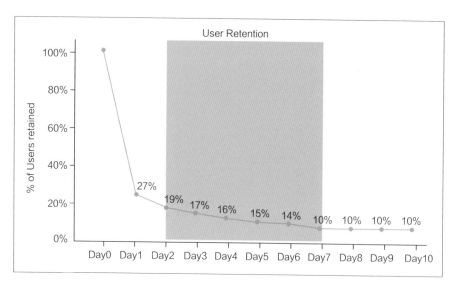

图 5-6

中期阶段是使用户形成新习惯。

无论用户在第一次使用产品时，即初期有多么兴奋，新奇感多么强烈，在时间久了之后，这种新奇感都会消失。

很多产品经理认为初始阶段成功的Aha时刻能够让老用户继续留存下去，但不幸的是，单一的良好体验并没有创造出新的习惯。所以，你需要用不同的营销策略来提高用户黏性，比如，签到功能、定期的活动等，让用户不断参与。另外，你还需要去创造更多的Aha时刻。

3. 用户留存长期阶段

前两个留存阶段主要集中在产品引导、用户体验和行为心理学，而这个阶段的目标是最终建立一个优秀的产品，并不断改进它。

举个例子来说，修图/短视频行业逐渐热门，出现了一度很大的足记、美图、秒拍等APP，但是在这个行业，没有创新，就意味着走下坡，随着快手和抖音等APP的兴起，短视频行业的格局被重新改写。所以，如何将新思维、新创新运用到产品上，是产品保持长久竞争力的关键。

5.5　用户留存分析的常见方法——挖掘 Aha 时刻

关于Aha时刻的介绍请参见4.3.6节。

用户能留下来的核心原因是产品功能设计能否满足其核心需求。如果能满足，我们能不能再进一步，使产品功能更好、更快、更方便地满足用户的核心需求。

我们需要知道用户访问初期在网站／APP 的哪些行为、频次可能会使用户留下来，并且长久使用，成为忠诚用户。

我们根据这些数据优化产品，促进用户使用这些功能，就可能带来更高的用户留存率。

我们希望新用户在使用 APP时能够尽早地对产品说"Aha!"希望他们能快速发现产品价值,并且留下来。

现阶段,我们最关注的是用户留存的初始阶段,所以需要了解用户在使用产品早期(第一周做的事情)和次周留存率之间的关系,并且找到那些具有高留存率的行为。

一个用户使用了网站或者APP的某些功能。做了某些动作,然后留下来持续使用产品,成为忠诚用户。这说明用户的行为和留存率之间是有一些相关性的,要找出这种相关性,然后分析他们是否有因果关系。

所以,挖掘Aha时刻的方法论本质是通过分析找到使用户留存率最高的那个行为。将其运用到产品设计和运营中,让所有新用户尽可能地体验到产品价值,从而持续地留下来。比如,当我们发现第1次消费与第2次消费相差3天的用户留存率最高时,就要通过各类运营策略引导并提醒用户在第1次消费3天后回来消费。

5.5.1　用户留存分析的业务背景和分析思路

假如我们是某直播产品的数据分析师,由于这个产品的用户留存率止步不前,并且还有下跌的趋势,面对多个竞品的竞争,内部对产品功能进行了迭代,但用户留存率没有明显的提升。

所以,业务人员希望数据侧能够通过用户行为的洞察分析出是什么影响了用户留存率,希望数据侧能够分析出相关的因素,并给出对应的业务建议。

这种问题的关键就是要学会把业务问题转化为数据分析可以量化的问题,然后用相对应的数据分析方法解决,最后给出完整的分析过程和对应的可以落地的业务建议。

我们首先要明确分析目标：影响用户留存率的关键行为有哪些？这些行为和用户留存率的相关程度有多大？所以业务问题可以转化为"挖掘与留存率相关的用户行为，并且把相关的程度量化"。

更深层次的分析可以借助上面提到的挖掘Aha时刻的方法分析出用户达到什么样的行为之后用户留存率会大幅度提升。

所以，整个分析思路和方法一共有以下4步（见图5-7）。

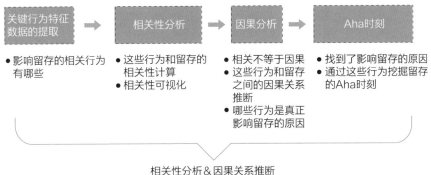

图 5-7

1. 关键行为特征数据的提取

利用SQL从数据仓库中提取你想要的与留存率相关的数据行为。

作为数据分析师，我们需要自己大概思考有哪些用户的行为会影响到用户留存率，然后把这些猜想的行为因素与相关的业务人员进行沟通，主要是从业务人员的经验角度分析用户的哪些行为大概会影响到留存率，再去完整地提取数据，这样可以保证提取的用户行为数据较为科学和完整。

2. 相关性分析

提取了和留存率可能相关的用户行为数据以后，就要挖掘与留存率相关的那些用户行为，以及把这些相关性量化。量化指的是用数字计算出来。

那么，如何计算这些用户的行为和留存率的相关性大小呢？这里需要用到专业的数据分析方法，我们知道这是典型的相关性问题，所以可以采用统计学里的相关性计算方法。

利用统计学的相关性计算方法，可以计算第一步中提取的每一个行为与留存率的相关性，相关性的系数越大表示这个行为与留存率越相关，就表示它可能越影响留存率。比如，用户使用产品的次数与留存率的相关系数是 0.6，用户使用产品的时长和留存率的相关系数是0.8，就可以说明用户使用产品的时间和留存率更相关。

3. 因果分析

数据分析中的相关关系不一定是因果关系，假如我们只分析出使用产品的时长和留存率具有很强的关系，但我们不知道是因为用户使用产品的时间长这个因素导致了留存率高这个结果，还是因为用户留存下来，所以使用时间比较长。

所以，我们需要分析哪些行为是造成用户留存率高的原因，针对这些原因进行优化和促进才可以达到提升留存率的作用。

那么用什么方法分析？这个问题就是典型的因果推断方法，可以利用因果推断常用的方法：Granger Test（因果检验）。

4. Aha 时刻

当我们已经判断了某个行为就是用户留存率高的原因时，比如，用户一周浏览抖音短视频的时间是下一周是否会留存的原因，但是我们不知道用户达到多少时长可以促进留存。

那么，接下来就是去发现到底浏览多长时间抖音短视频是留存的Aha时刻，这个Aha时刻非常神奇，比如，用户一周使用产品288分钟，下周留存的概率会大大增加，这个"一周——使用——288分钟"就是互联网中最经典的Aha时刻。

抓住了Aha时刻，也就抓住了一个产品的留存灵魂。

当我们挖掘出用户的Aha时刻以后，就可以针对用户的Aha时刻涉及的产品模块去优化。

5.5.2　分析过程

1. 关键行为特征数据的提取

第一步我们要分析用户的什么行为和留存率的相关性最大，所以要先规划完整的行为特征。

什么是行为特征呢？行为特征指的是将用户行为用数字表示，用来刻画用户的某个特征。

当我们和对应的业务方沟通后，猜想与留存率相关的行为可以分为登录行为、观看行为、弹幕行为、付费行为。内容直播型产品，当用户关注了越多主播，观看越长时间的直播，他的留存率可能就会越高。

观看是第一步，当用户观看一定时长的直播后，可能会对一些主播产生较大的兴趣，从而产生订阅关注的行为。我们和业务方都认为当用户关注足够多的主播后，为了观看这些主播的直播，就有可能更活跃。

另外，当用户关注更多主播时，我们会有开播提醒，所以订阅和留存率可能具有很大的相关性。

直播具有很强的互动场景，当用户在直播中和主播开始互动，并且达到一定的程度时，可能会让用户有很强的参与感，这个可能也会影响到用户留存率。用户一般都是有很大的意愿和自己喜欢的主播交流的。

当我们规划出大概影响用户留存率的行为时，接下来就需要把这些行为用数据指标表示出来，用数据指标来刻画这些行为。比如，描述登录行为可以用绝对值指标，如30天登录天数，7天登录天数；还可以用比率型指标，如最近30天的登录天数和过去30天的登录天数的比值，这反映了用户活跃度的变化。

其他的行为指标也可以像登录行为一样用数据来表示，如图5-8所示。

用户留存			
登录行为	观看行为	弹幕行为	付费行为
30天登录天数	30天观看主播数	30天发弹幕次数	30天送礼物次数
7天登录天数	30天观看品类个数	近30天发弹幕次数/近30~60天发弹幕次数	30天充值次数
用户最近30天登录天数/用户最近30~60天登录天数	30天日均观看时长		近30天消费金额
	近30天日均观看时长/近30~60天日均观看时长	近30天发弹幕次数/近30~60天发弹幕次数	近30天送礼物次数/近30~60天送礼物次数
	近30天观看主播数/近30~60天观看主播数		近30天充值次数/近30~60天充值次数
	近30天观看品类数/近30~60天观看品类数		近30天消费金额/近30~60天消费金额

图 5-8

（1）登录行为特征。

- 30天登录天数：表示用户一个月内的活跃度。

- 7天登录天数：表示用户一周内的活跃度。

- 用户最近30天登录天数/用户最近30~60天登录天数：表示用户最近的活跃度变化情况。

（2）观看行为特征。

- 30天观看主播数：表示用户一个月内观看主播的活跃度。

- 30天观看品类的个数：表示用户一个月内观看品类的活跃度。

- 30天日均观看时长：表示用户一个月的活跃时长。

- 近30天日均观看时长/近30～60天日均观看时长：表示用户观看时长的变化情况。

- 近30天观看主播数/近30～60天观看主播数：表示用户观看主播数的变化情况。

- 近30天观看品类数/近30～60天观看品类数。

（3）弹幕行为特征。

- 30天发弹幕次数：表示用户一个月内弹幕行为的活跃程度。

- 近30天的发弹幕次数/近30~60天发弹幕次数：表示用户一个月内弹幕行为活跃程度的变化。

（4）付费行为特征。

- 30天送礼物次数：表示用户一个月内打赏的活跃程度。

- 30天充值次数：表示用户一个月内充值的活跃度。

- 30天消费金额：表示用户一个月内付费的"土豪"度。

- 近30天送礼物次数/近30～60天送礼物次数：表示用户最近打赏的活跃度变化。

- 近30天充值次数/近30～60天充值次数：表示用户最近充值的活跃度变化。

- 近30天充值消费金额/近30～60天消费金额：表示用户最近消费的

活跃度变化。

2. 相关性分析

当我们已经提取了所有与用户留存率相关的行为特征后，下一步就是计算用户留存率和这些特征的相关性。

关于相关性分析方法的介绍参见4.3.4节。

按照相关性分析的原理，我们把上述提取的行为数据量化，指标用X表示，留存用Y表示。

我们用$Y=1$表示用户留存，$Y=0$表示用户没有留存，这样可以把用户是否留存用数据来表示。下面计算这些指标和留存之间的相关性。

在Python中输入如下代码。

```
import matplotlib.pyplot as plt # 导入 Python 包 matplotlib.pyplot
import seaborn as sns # 导入 Python 包 seaborn
import pandas as pd  # 导入 Python 包 pandas
retain2 = pd.read_csv("d: /My Documents/Desktop/train2.csv")
# 读取文件的数据
retain2= retain2.astype(float)  # 把文件的数据格式转换为 float 格式
plt.figure(figsize=(16, 10),dpi= 80) # 设置展示图的大小及字体的大小
sns.heatmap(retain2.corr(),xticklabels=retain2.corr().
columns,yticklabels=retain2.corr().columns, cmap='RdYlGn',cent
er=0,annot=True)  # 相关图的可视化计算

# Decorations
plt.title('Correlogram of retain',fontsize=22)  # 设置标题
plt.xticks(fontsize=12)  # 设置 x 坐标字体的大小
plt.yticks(fontsize=12)  # 设置 y 坐标字体的大小
plt.show()  # 输出相关性分析的可视化图表
```

输出效果如图5-9所示，图中的每一格的数字代表横向和纵向的两个行为的相关性大小，与留存相关最大的4个因素如下。

- 30天或者7天登录天数（cor：0.66）。

- 30天观看品类个数（cor：0.44）。

- 30天观看主播数（cor：0.37）。

- 30天日均观看时长（cor：0.26）。

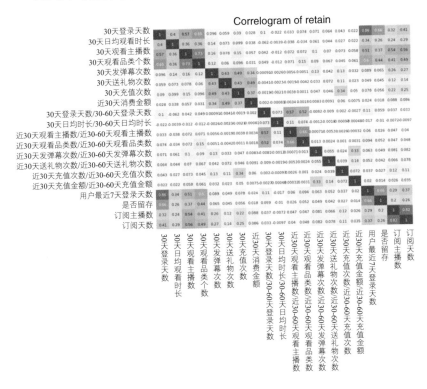

图 5-9

3. 因果分析

如前所述，我们挖掘出了与留存相关的4个行为因素，比如，留存和登录行为高度相关，因为相关性不等于因果性，所以无法判断是登录活跃导致了用户留存率高，还是用户留存率高导致了登录活跃。

所以，我们需要进行下一步的分析：因果推断，利用数据科学方法分析这几个行为因素和留存哪一个是因，哪一个是果。

原假设和是否拒绝：判断*X*和*Y*是否存在因果关系*R*。当经过格兰杰因果关系检验后计算出来的*P*值大于0.05时，则接受原假设，否则拒绝原假设（见图5-10）。

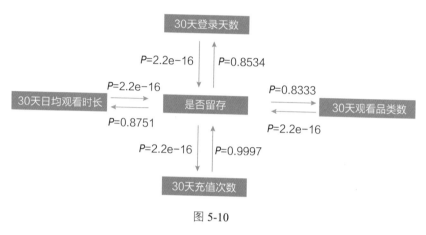

图 5-10

它们的因果关系如下。

- 30天登录天数是留存的原因。

- 30天日均观看时长是留存的原因。

- 30天观看品类数是留存的原因。

- 30天充值次数是留存的原因，但留存不是30天充值次数的原因。

4. Aha 时刻的计算

发现了影响留存的原因以后，我们就要寻找这些行为达到一个怎样的值后，会大大影响留存率。

计算30天登录天数、7天登录天数、月日均观看时长、30天观看主播数、30天观看品类数和留存的关系，如图5-11所示。

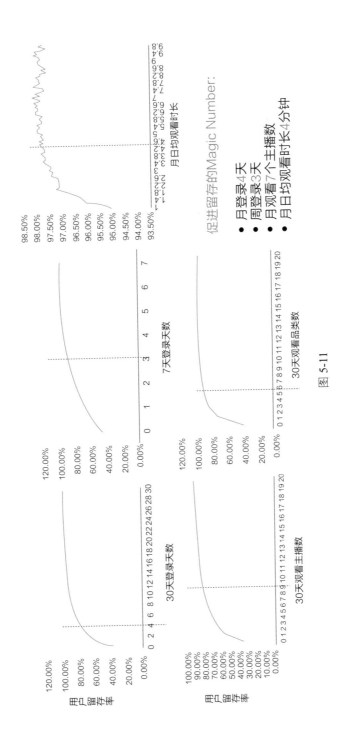

图 5-11

Aha时刻的计算方法就是基于图5-11来寻找的。

我们以30天登录天数作为例子，横轴是30天内不同登录天数，纵轴就是用户留存率，当横轴为7时，用户留存率趋于稳定，这时达到较稳定的状态，也被称作Aha时刻。其他的行为与Aha时刻的挖掘方法类似。

我们可以发现几个神奇的留存的Aha时刻。

- 月登录4天：表明当用户的月登录天数达到4天时，会大幅增加留存。

- 周登录3天：表明当用户的周登录天数达到3天时，会大幅增加留存。

- 月观看7个主播数：表明当用户的月观看主播数达到7个时，会大幅增加留存。

- 月观看4个品类数：表明当用户的月观看品类数达到4个时，会大幅增加留存。

- 月日均观看时长4分钟：表明用户月日均观看时长达到4分钟时，会大幅增加留存。

第6章

用户特征分析

6.1 用户特征分析适用的业务场景

想要做一个成功的产品，就要了解产品面向用户的需求，根据用户的需求，更好地解决用户痛点，更好地满足用户需求。

所以我们需要了解用户、读懂用户，要对用户进行特征分析。总的来说，用户特征分析有3种应用场景（见图6-1）。

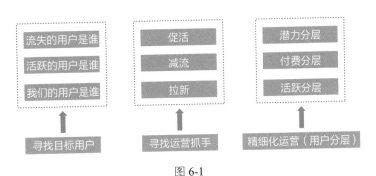

图 6-1

6.1.1 寻找目标用户

寻找目标用户是用户特征分析的第一个重要的应用场景，也是数据运营中最常见的分析目的。它主要解决目标用户是谁这个基本的核心问题。如果不能解决这个核心问题，那么企业中的一切业务策略都是无目标、无意义的。

寻找目标用户还包括以下两种不同的情形（见图6-2）。

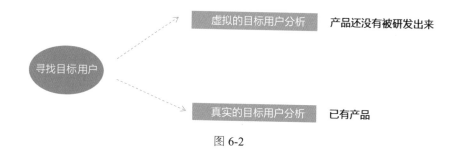

图 6-2

1. 第 1 种是虚拟的目标用户分析

这种场景通常是企业准备研发一个新产品，还没有实际的用户。业务方希望按照业务逻辑假设确定一部分人群作为目标用户，在这个新产品研发出来后，先让这些目标用户体验（见图6-3）。根据他们的反馈来迭代和改进产品。

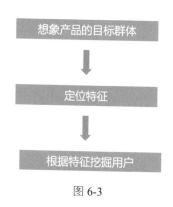

图 6-3

　　举例来说，某公司准备上线一个新的社交类APP，这个产品还没有上线，暂时没有用户使用这个产品，但要提前圈定好一批目标用户，这样在产品上线时，可以先让这部分目标用户使用。

　　按照业务方最开始的设定，这个APP 主要面向18~35岁的用户，这部分用户有发表感想的欲望，但是迫于社交压力，不希望这些文字、照片或视频被熟人看到。

　　根据这个目标设定，我们需要把业务方的逻辑转化成数据可以实现的形式。

　　概括来说，首先需要挑选一批用户，这部分用户群体的好友数增长迅速，但微信使用活跃度在降低，包括发朋友圈的次数、朋友圈的互动次数等。好友数是用来刻画用户的社交压力的，一般来说，用户的好友数越多，社交压力越大。朋友圈的发表次数和互动次数的变化是用来筛选因为社交压力变大从而导致社交活跃降低的群体。

2. 第 2 种是真实的目标用户分析

　　和虚拟的目标用户特征分析相对应的是真实的目标用户特征分析，这也是实际的数据分析和数据运营中更多会遇到的情形。

　　真实的目标用户分析是利用产品上线以后真正使用产品的用户数据，分析这些用户的基础属性特征，包括年龄、性别、城市，以及用户的行为特征等（见图6-4）。

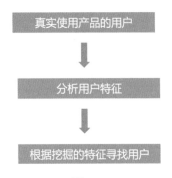

图 6-4

以短视频类APP为例，在开始上线时，需要分析用户是谁，包括年龄、性别、地域、学历等，这可以帮助产品经理去发现现在的主流用户群体是不是产品最开始的定位。如果完全不一样了，那就是产品哪里的设计出现问题，偏离了方向。

上线一段时间后，可以对用户进行不同活跃等级的划分，比如，同样都是观看短视频，有每天观看的，也有偶尔观看的，有一次可以观看很久的，也有观看一两个视频就走了的用户，频次、时长成为用户这时最大的特征差异，那么不同频次、不同时长的用户的年龄、性别、地域有什么差异，这些都是特征的进一步洞察。

再过一段时间，有的用户留存，有的用户流失，还需要分析留存和流失的用户在行为特征上的差异。

6.1.2 寻找运营抓手

寻找目标用户是远远不够的，我们还需要寻找运营抓手。

什么是抓手呢？就是根据用户特征分析的结论，运营方从这些结论中寻找可以施加策略的地方，这些地方就是我们所说的抓手，也就是说，抓住了这些地方就可以抓住用户。

当我们分析出一个APP的主流用户特征以后，比如，年龄主要集中在18～24岁，城市主要集中在三线城市，那么做外部投放时，就可以根据目标群体的特征进行营销，获取新用户。

当我们发现活跃用户一般是在最开始观看的5分钟内收藏了某种类型的视频时，就可以针对这些被收藏的视频的特点，通过运营的方式给用户推荐与这些视频类似的视频。

在提升用户留存率时，通常需要分析留存用户具有的典型行为特征，然后通过运营手段让流失用户具有留存用户的这些行为特征，从而提高留存率。比如，FaceBook 通过用户的特征分析挖掘出留存率提升的用户具有的典型行为特征是一周加7个好友，那么就要通过运营给即将要流失的用户或者已经流失的用户推送感兴趣的用户，让他们也具有这个典型行为特征，即一周加7个好友。

总的来说，寻找运营的抓手，要寻找那些通过运营策略可以让用户具有的行为特征。

6.1.3　精细化运营（用户分层）

与精细化运营相对的是粗放式运营，也就是在产品上线早期一般会采用的一种运营方式。所有用户看到的东西都是一样的，根据大众最终的实验效果去反馈运营策略。

而精细化运营会比较细致。针对不同生命周期的用户、同一生命周期的不同类用户，甚至是每个用户，展示不同的内容，采取不同的运营策略，完成最终的转化。如果说粗放式运营策略是一对多模式，那么精细化运营就是多对多的对应关系。

在精细化运营策略之下，每一类用户，甚至是每一个用户都被打上了 N 多个标签。

在这种情况下，也就出现了用户精细化运营策略的优先级。20%的用户创造80%的收益，重点是管理和维护好核心用户，才能创造更大的价值。

虽然80%的用户数据看起来非常好看，但是很难创造更大的价值。当时间和精力有限时，我们需要将最核心的精力放在那些能产生80%收益的事情上。

如果说精细化运营是道，那么用户分层就是术，用户分层就是把用户按照一定的方法分成几个不同的用户类别。

当我们把整体的用户分成不同层次的用户时，然后针对不同层次的用户采取不同的运营策略，也被称作精细化运营。

6.2　用户特征分析的方法

常见的用户特征分析方法有用户画像分析、聚类分析、监督模型、RFM用户分群（见图6-5）。

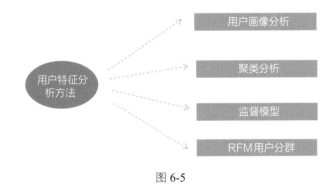

图 6-5

6.2.1　用户画像分析

用户画像分析就是基于大量的数据，建立用户的属性标签体系，同时利用这种属性标签体系描述用户，具体的做法是直接提取用户相关的特征数据（比如年龄、性别、地域、职业等），帮助刻画一个用户。比如，通过用户画像分析刻画出用户大约为18～24岁、一线城市、男性、喜欢玩游戏和看小说，这就是用户群体特征。

具体的用户画像分析方法详见4.3.5节。

6.2.2　聚类分析

聚类分析是一种机器学习方法，聚类分析是将一堆没有标签的数据，提取几个特征，自动划分成几类，常见的聚类分析方法有k-means算法。k-means算法是无监督的聚类算法，它实现起来比较简单，聚类效果也不错，因此应用很广泛。

通过k-means算法可以对用户行为进行聚类，比如，针对用户在淘宝商城买东西的频次、价格、浏览的时长，可以进行聚类分析。

在使用k-means算法的过程中，有一些主要的注意事项。

1. 如何处理异常值

k-means算法对噪声和异常值非常敏感，这些异常的个别数据对平均值的影响很大。在实际业务中，经常有因为用户刷量或者上报引起的异常数据。异常数据指的就是数据超出正常范围，不能按常理来理解的，比如，一个用户每天在淘宝浏览的时长超过24小时。

针对这种异常数据，常用的处理方法有如下几种（见图6-6）。

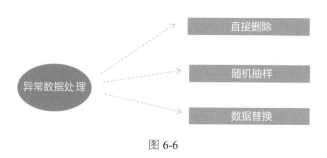

图 6-6

（1）直接删除。

直接删除那些比其他任何数据点都要远离聚类中心的异常值。为了防止误删除的情况发生，数据分析师需要在多次的聚类循环中监控这些异常值，然后根据业务逻辑和多次的循环结果进行对比，再决定是否删除这些异常值。

（2）随机抽样。

因为是随机抽样，所以异常数据被抽中的概率很小，这样抽取出来的数据比较干净。针对随机样本进行聚类分析，不仅可以避免异常数据的干扰，而且因为数据量小，所以聚类的效率更高。同时，随机抽样的数据可以用来代表整体的用户，所以对随机样本的数据进行聚类就可以代表对整体的数据聚类的结果。

（3）数据替换。

将异常数据进行截断处理。当一组数据的任何一个数超过这个数据的均值加上3倍的标准差时，则可以把这个数据处理为均值加上3倍标准差。数据替换的优点是不会直接去除数据，缺点是可能造成数据失真。

2. 数据标准化

在实际的数据分析中，参与聚类的数据特征之间的单位差别很多，比如，参与的特征是在淘宝商城购买商品的频次、价格、浏览时长，它们之间的量纲差距很大。时长值一般要比频次高很多。如果直接参与聚类，则对聚类的结果影响很大。为了避免这种影响，一般就是在做聚类分析前，先对数据特征进行数据标准化处理。

数据标准化是聚类分析中必不可少的一个环节，它可以有效化解因为不同的度量单位不一致而带来的数量差异。

数据标准化有多种不同的形式。其中，**Z-Score** 标准化最常用。经过这种方法处理后的数据符合标准正态分布，即均值为0，标准差为1，其转化公式为：

$$X' = (x\text{-}u)/\alpha$$

其中，x表示一组数据中的每一个数据，u表示这组数据的均值，α表示标准差。

3. 聚类的特征选择要少而精

在聚类分析中，参与聚类的特征不能太多。如果特征太多，一方面会显著增加运算的时间；另一方面，特征之间本身会具有一定的相关性，会干扰聚类的结果；同时，我们要对每一个小的类别在这些特征上的差异做出描述性和解释性说明，太多的特征会造成划分的类别很难解释，这也不利于业务方的理解。

所以，如何找到有用、精确的聚类特征是聚类分析中的关键点，主要有以下两个方法。

（1）业务方的经验。

根据业务的分析目的和业务方的经验，直接排除掉无关的特征变量。比如，我们要把现有朋友圈的使用用户通过聚类的方法分成不同的类别。

首先，朋友圈的用户更多关注的是朋友圈的行为，所以像支付这样的行为特征与分析目的差别比较大。

然后，按照朋友圈的行为进行划分。朋友圈有发表次数、发表天数、评论次数、评论天数、点赞次数、点赞天数这几个主要的行为和我们的目标比较契合。同时，朋友圈还有查看头像行为、查看消息列表行为、查看相册行为。这些行为不好解释，而且与上述几个主流行为显得不那么相关。

这就是根据业务经验对聚类的特征进行筛选的过程。

（2）相关性检验。

很多参与聚类的特征本身就具有很强的相关性。如果我们同时把这些特征都放进聚类模型中，则加大了运算量，同时对聚类的结果帮助不大。

常见的处理方法是，通过相关性分析找出相关性大的两个行为特征，然后根据业务经验选取一个放入聚类模型中。

6.2.3 监督模型

特征分析中还会使用像决策树这样容易解释的监督模型，决策树最大的应用优势在于其结论非常直观易懂，生成一系列的"如果……那么……"的逻辑判断，让业务方很容易理解和应用。这个特点是决策树被广泛应用的最主要原因，真正体现了简单、直观。

借助决策树的应用优势，我们可以把要分析的用户特征转化为决策树可以得出的业务规则。比如，要挖掘游戏付费用户具有的典型特征，就可以通过决策树模型的方法得到"如果……那么用户付费"的结果。

具体的做法如图6-7所示。

图 6-7

因为决策树是一种分类树模型，假如我们要挖掘付费用户具有的典型特征，就可以构建付费的决策树模型。

首先，提取模型训练的正负样本及这些样本所具有的特征。这里的样本通俗点说就是数据的集合，即一堆数据。比如，正样本是付费的用户，负样本是不付费的用户。这里所说的特征，就是用来表达用户特点的数据。

常见的用户特征分为基础属性特征和行为特征。基础属性特征属于静态特征，短时间内不会发生改变，如用户的年龄、性别、城市、好友数、收入水平、学历、兴趣爱好等；行为特征指的是用户的行为特点，如在游戏中的登录天数、次数、游戏的时长、游戏的局数、单次游戏的时长。

然后，把提取的正样本数据和负样本数据放入决策树模型，决策树基于我们的输入可以学习正样本和负样本所具有的特征，也就是付费的用户及不付费的用户各自具有什么特征。

模型学习的过程就是训练的过程。当模型构建完成时，利用决策树自带的输出功能，就可以输出一系列用户付费和不付费所具有的特点。如"如果用户月登录天数超过16天，且日均游戏时长超过2小时，且游戏等级超过12级则会付费"；如"如果用户月登录天数超过 16天，日均游戏时长小于10分钟，则不会付费"。

通过上面的决策树模型，就可以得到付费用户和不付费用户各自具有的特征。

6.2.4　RFM 用户分群

RFM模型是衡量用户价值和用户创利能力的重要工具和手段。在众多的用户关系管理（CRM）的分析模式中，RFM模型以其简单、好解释、容易上手等特点被大多数企业所接纳。

关于RFM用户分群法详见4.3.3节。

6.3　用户特征分析和用户预测模型的区别与联系

在实际的数据分析工作中，有很多的用户特征分析是为了寻找特定人群。比如，对付费用户的特征分析，就是希望通过科学、准确的用户行为特征分析，挖掘潜在的付费用户。类似这种寻找目标用户和预测（分类）模型的目的是一致的，都是根据业务方的需求来寻找目标用户。

用户特征分析是构建模型的其中一个环节，因为在搭建一个分类模型时，需要先利用用户特征分析筛选出与付费相关的特征。把这些特征输入模型中，作为模型的输入特征。比如，我们分析出某直播类APP的弹幕行为和付费行为是相关的，用户在一个月内发送弹幕的次数达到50次以上，发送弹幕的天数达到10天以上，这种用户成为付费用户的可能性很大。

同时，模型的预测结果可以作为特征分析的依据，比如，我们要分析付费用户和非付费用户在典型的行为特征上的差异。因为行为特征有很多，我们不知道哪些才是有关系的，这时可以通过一些分类模型帮助我们提前做好特征筛选。

常见的筛选相关特征的模型有随机森林。随机森林就是可以通过计算特征重要性的方法，来筛选出与付费行为最相关的特征。假如最后筛选出来与付费最相关的特征是年龄、性别、收入水平，我们就可以基于这些特征对付费用户和非付费用户的行为进行对比分析，找出这些特征的差异。

两者具有一定的差别，如图6-8所示。

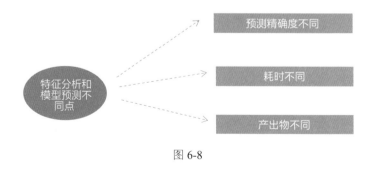

图6-8

1. 对预测的精度要求不同

相对用户预测模型来说，用户特征分析的结论精准度没有那么高，比如，同样是预测一个用户是否为付费用户，模型预测的准确率更高。

2. 耗时不同

一般来说，利用决策树等分类模型预测一个用户在未来是否会付费，需要涉及用户特征的加工、模型训练、结果的预测及模型的调优，所以模型的搭建需要耗费一定的时间。利用用户特征分析来预测相对更快速，只需要分析出付费用户的典型特征，就可以假设具有这种特征的用户在未来会付费。

3. 产出物不同

用户预测模型的结果会有一个概率值，可以基于这个概率值做进一步排序筛选。而用户特征分析筛选预测出来的用户不能做进一步划分，只是筛选出一个整体。

6.4　评估用户特征

用户特征提炼出来以后，还需要评估这些用户特征是否有用，一般来说会从以下4个方面来评估，如图6-9所示。

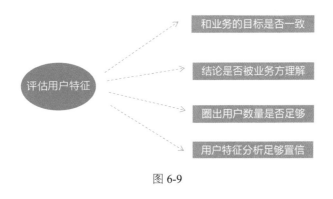

图 6-9

1. 和业务方的目标是否一致

无论是通过模型筛选出用户特征，再进行用户特征分析，还是直接进行用户特征分析，都要保证分析出来的用户特征和业务方要求的目标是一致的。

这些特征必须是业务方关注的特征，比如，要分析游戏付费的用户具有什么典型特征，我们却分析用户的手机屏幕大小、手机的操作系统，这些并不是业务方关注的特征。

用户关注的特征应该是业务方猜想过的可能跟付费相关的特征，比如用户活跃度、活跃时长、年龄、性别、游戏等级。但业务方不知道用户达到什么样的活跃度，达到什么样的游戏时长及游戏等级才有可能付费，数据分析师所要做的就是把这些量化出来，而不是脱离业务目标，按自己的空想去操作。

2. 结论是否被业务方理解

我们在做用户特征分析的过程中，要保证分析思路、分析结论是可以被业务方理解的。因为用户特征分析是为了让业务方更好地了解用户，更好地做产品决策。如果业务方都不能理解我们的分析，这个分析也就失去了价值。

所以在做分析的过程中，要定期和业务方沟通一下我们的思路及分析的过程。看他们是否有什么疑问，直到输出完整的分析结论。

因为业务方大多数人是非技术出身的，所以在分析的过程中，应该尽量保证分析通俗易懂，切忌有炫技的行为。很多初入数据分析行业的分析师，总是有炫技的行为，到最后业务方根本看不懂我们的各种模型，也就不能接纳我们的分析结论。

所有模型的应用要保证说明足够详细和简单。模型的细节应该略过，尽量转化成业务方可以理解的语言来描述。

3. 圈出用户数量是否足够

一切的分析都需要落地才有价值，比如，我们通过付费用户的特征，分析出付费用户具有一系列特征，然后根据这些特征去圈选用户，对这些用户进行定向运营，使他们转化为付费用户。

但有时我们会发现，我们通过这些特征筛选出来的用户基数很少，在实际的运营活动中很难达到定向运营的标准。所以，在实际分析时，一定要深入思考和把控我们的分析是否可以转化为实际可以实操的方案，再根据这个方案调整用户特征分析的过程。

4. 用户特征分析足够置信

做用户特征分析时是基于一群用户进行分析的，比如，我们分析付费用户和非付费用户在发送弹幕次数上的差异。首先对弹幕次数做分层，比如"1~5，5~10，10~15，……，100次以上"，然后比较在每一个梯度的两个群体之间的差异。

假设发送弹幕次数在100次以上的，无论是付费用户还是非付费用户，人数都很少，这样计算的比例差异是不置信的，算出来再去比较也是毫无意义的。

解决的方法就是重新划分弹幕次数的区间，不断调整划分的区间，保证每一个区间都有足够的人数。

第 7 章

用户流失分析

7.1 什么是用户流失

对于负责用户运营的人员，用户流失是一个必须要关注的问题。如果没有及时发现用户流失的原因，及时采取相对应的策略进行干预和挽留，最终到了流失的末期，那么整个产品可能会宣告死亡。

那什么是用户流失呢？我们先从用户的活跃、沉默、唤醒说起。

（1）用户的活跃、沉默、唤醒是客观存在的，但流失是主观定义的。

- 活跃：一段时间内的用户活跃次数，比如日活、周活、月活。

- 沉默：一段时间内用户活跃次数为0，比如沉默一周、沉默30天。

- 唤醒：沉默一段时间后的用户又重新活跃。

（2）基于沉默和唤醒，我们定义流失和回流。

流失是指沉默超过一定时长的用户，且该时长之后用户的自然回流率很低。流失时长的选择，可以参考用户的沉默时长曲线。横轴是沉默时长，纵轴是用户数，这条沉默曲线的拐点就是用户流失的时间点。沉默时长超过这个时间点的用户，就可以定义为流失用户。

同理，流失之后又被唤醒的用户，可以定义为回流用户。当然，我们也可以简单地定义流失用户，比如周流失、月流失等，准确地说，是周沉默、月沉默用户。

基于流失的定义，可以发现：防止流失就是及时唤醒沉默用户；流失召回就是提升回流率。

7.2　用户流失分析常见错误

在用户流失分析中，常见错误有以下3种（见图7-1所示）

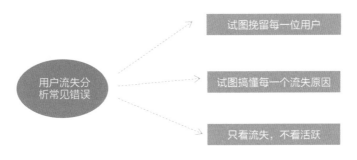

图 7-1

错误1：试图挽留每一位用户。

这是运营中最常见的错误之一，很多新人都会踩这个"坑"。用户不购物了就发送优惠券，用户不登录了就摇转盘，各种补贴满天飞，结果空"烧"经费。实际上，用户流失是不可避免的，天下没有100%的留存。

每种业务都要关注自己的核心用户。在谈及用户流失时，我们真正要做的是：把流失率关在笼子里，控制在一个可以接受的范围。

错误2：试图搞懂每一个流失原因。

这是分析中最常见的错误之一，很多新人都会踩这个"坑"。用户不喜欢？我们没做好？对手太厉害？用户没钱了？总之想给每个人一个理由。

实际上，我们没必要，也没能力穷举所有原因。因为用户总是喜新厌旧的，会开始使用一个产品，可能只是想体验这个产品，等新鲜度降低了，自然就离开了，这种类型的用户没必要分析，也很难分析出他们的流失原因。我们只要控制可控因素，减少明显错误即可。

错误3：只盯流失，不看活跃。

这是另一个常见错误。在流失率实际增高以后才开始分析，结果木已成舟，用户都跑了，分析了也没用。流失率是一个相对滞后的指标。在数据上"流失"以前，用户可能已经跑掉了。

所以，流失率要与活跃率结合起来看。对于影响用户活跃的事件要尽早关注，对于核心用户的活跃度要紧密跟踪，避免事后做无用功。

7.3　生命周期和流失

7.3.1　产品的生命周期

每个产品都有自己的生命周期，可以将其分为初创期、成长期、稳定期、衰退期（见图7-2）。

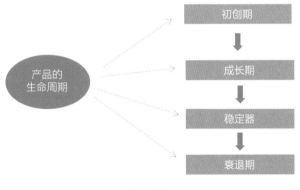

图 7-2

1. 初创期

在产品的初创期，产品的功能、性能、体验、适配都不成熟，存在各种各样的问题，比如，产品容易卡顿，很多功能会有BUG。这个阶段，产品的使用过程中不好的体验比较多，用户流失也比较快。流失的原因主要在产品本身，所以在做产品功能测试时，只能小范围验证，不适合大规模推广。

产品优化上应该围绕核心用户的核心功能做好产品的优化工作，待产品功能不断完善，性能和体验不断优化，再推给更多的用户。

初创期的核心用户的需求满足可以让首期的种子用户把产品转发宣传带入市场。在这个时期，受到用户体量的影响，很多产品的用户量可能在最开始只有几百或者几千个用户，流失数据波动较大，而且原因通常是由于功能本身不完善引起的。

在分析时，由于用户量不大，而且可能还没有接入数据的行为采集，不能对用户的行为进行深入、完整的分析，所以更多需要关注用户的反馈，从而来得到用户流失的原因。

2. 成长期

在成长期，产品经过初创期的打磨和用户的反馈迭代后，产品质量相对稳定，用户迅猛发展，用户增速很快。

由于产品本身的快速增长，DAU的快速增长，产品的问题会被数据的增长所掩盖。但是，流失问题依然存在，只不过新增大于流失而已。

成长期用户流失的主要原因是用户量增长而导致的非核心人群增加，当用户群体增长快速时，最开始的核心功能的打磨，已经不能满足现在越来越多用户的不同需求。在这个阶段，产品功能除了要满足核心用户的需求，还需要满足新的非核心用户的需求，这一点和初创期是不一样的。

3. 稳定期

稳定期就是用户增长缓慢，新增和流失基本平衡，这时已经到了产品用户数的顶峰，稍有异动就会导致用户数下降。

稳定期的产品，竞品带来的压力很大。对抗稳定期，常用的方法是开发各种新功能，用新功能获取新用户。这里的新功能不是旧功能的优化或简单延伸，而是为满足用户的新需求而开发的功能。

另外一个用来减缓用户流失的方法主要是通过外部采买和各种策略运营，增加新用户及维持老用户。

4. 衰退期

衰退期是产品用户负增长的阶段，这个阶段的用户流失越来越严重。首先，某一核心功能的黏性下降，逐步被用户放弃。然后，产品的其他重要功能，也逐步被用户放弃。最后，用户彻底流失了。

这个阶段用户的整体活跃度在持续下降。在这个阶段和稳定期的方法类似，就是需要做好用户运营，利用各种运营策略对流失用户进行干预和挽留，在最大程度上减少用户流失。比如，我们经常见到的游戏回归大礼包，就是用游戏礼包对用户进行召回。

7.3.2 用户的生命周期

根据用户的行为规律及用户的时长规律，可以定义用户的生命周期，大致可分为体验期、新手期、成长期、成熟期和疲惫期（见图7-3）。

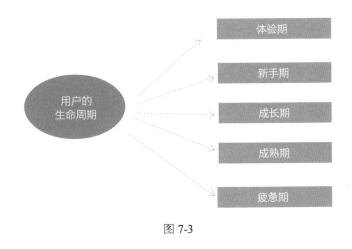

图 7-3

1. 体验期

体验期就是最开始看到某个APP，开始体验使用的时期。在这个时期，用户因为各种原因来体验新产品，比如，为了体验产品领取现金奖励、大礼包或者优惠券。常见的就是短视频类APP的玩法，如下载之后看视频领取现金红包。

体验期的用户流失率会比较高，主要是由于有很多用户对产品本身不感兴趣。这部分用户可能是靠补贴、抽奖等利益诱导发展来的，所以这部分用户更容易流失，因为动机在于获利而不是体验产品。

这时我们需要分析新增用户渠道来源，以及奖励的方法是否会吸引很多非目标群体，根据目标群体的特征属性来不断调整渠道的采买策略及新用户的转化策略，引入更多的目标群体。

2. 新手期

新手期是指用户通过一定时间的使用，完成特定的新手任务，比如，APP的使用中达到了Aha 时刻，游戏等级达到了7级。

在新手期，要做好用户引导，同时保证用户在新手期的门槛是比较低的。特别是工具型产品，一个完整、清晰的引导可以节省用户在新手期的学习成本，不会让用户感觉到这个产品很难上手，从而影响之后核心功能的使用。

在新手期，数据分析可以关注用户在新手期的各种行为转化规律，挖掘用户流失严重的页面和功能，针对这些进行优化。

3. 成长期

成长期通常指用户逐步深入体验产品，完成对产品一系列核心功能的体验，不断达成设定的里程碑。

在成长期，用户不断使用和体验产品的各种核心功能。在这个阶段，用户是被产品的各种功能所吸引的。

在成长期，更多是需要做好用户的核心功能的引导和体验，利用这些功能促成最大的用户留存。

成长期的关键是需要分析用户对什么功能最感兴趣，以及什么功能可以让用户留下来，也就是我们说的Aha 时刻的挖掘。

4. 成熟期

当用户使用产品达到一定的程度后，探索的动力就弱化了，对产品的使用也就趋于稳定了。这个阶段，用户对产品非常熟悉了，即成熟期。

成熟期的用户黏性大，但不等于不会流失。这时更重要的是预防流失，常用的策略是做好各种用户的沉淀及用户运营。

这个阶段需要分析哪些功能是这些用户进入成熟期之后花费时长最多、使用频次最高的，再对这些功能进行跌代。

5. 疲惫期

疲惫期的用户表现是活跃度在降低，用户打开APP 的次数及使用时长都在降低。

疲惫期是用户一定会经历的阶段，这部分用户的流失比例是非常大的，我们需要减少疲惫期用户的流失，同时这部分用户是老用户，挽回的概率也比新用户大。

针对疲惫期的用户，需要新玩法、新活动、新功能来刺激，防止用户流失，核心也是需要做好用户运营。

7.4　流失用户的确定方法

流失用户的确定方法详见4.3.2节。

7.5　用户流失分析和预测

当我们通过科学的方法找到流失用户后，下一步就是挖掘这部分流失用户的特征，这样可以有针对性地提前预测出哪些用户会流失，提前针对这批用户进行运营。

1. 基础属性分析

我们需要对比流失用户和非流失用户在性别、年龄、地域上的基础属性特征差异（见图7-4）。分析出流失用户主要集中在哪一个性别、哪一个年龄层及哪一个地域。

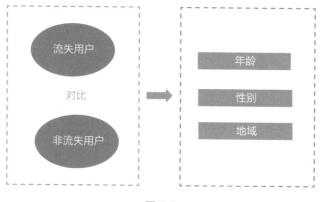

图 7-4

基础属性的分析可以让我们更好地了解流失用户具有什么特征，比如，如果我们分析出流失用户主要是40岁以上的群体，那么我们的产品可能需要针对这部分群体的用户反馈进行调整。

2. 行为属性分析

这里以某直播类APP为例。我们可以分析流失用户在登录、观看、订阅等行为上的特征规律，圈定出符合流失用户大概具有的特点，对流失用户进行行为特征的刻画。

（1）登录的行为，以月登录天数作为衡量登录的活跃程度，先对登录行为进行登录天数的划分。这里的划分区间通常从业务的角度来划分或者根据业务人员的经验来划分。比如，以1～7天、8～14天、15～21天、22～30天这几个区间来划分登录的天数，然后对比分析流失用户和非流失用户在这几个区间的比例差异。通过登录天数区间的对比可以分析出流失用户群体的登录天数主要集中在哪一个区间。

（2）观看的行为可以用观看时长、观看天数、观看次数来刻画。以观看时长为例，我们以月平均每天的观看时长来作为观看时长长短的评估。先对观看时长做一个区间划分。以半小时作为一个区间进行划分，[0, 0.5]、[0.6, 1]、[1.1, 1.5]……对比流失用户和非流失用户在这几个区间的人数占比差异。

这样就可以分析出流失用户的观看时长主要集中在哪一个时间段。

（3）订阅的行为可以用订阅天数和订阅次数来刻画。月订阅的天数表示一个用户在一个月内持续活跃的情况，月订阅次数会受到某一天的订阅次数影响，所以不能真正反映用户的订阅行为。

我们通过对比用户的订阅天数来刻画流失用户和非流失用户的差异，分析流失用户主要集中哪一个订阅区间。

7.6　如何召回流失用户

所谓用户召回策略指的就是字面意思——即通过周密的营销计划对已流失的用户进行召回，让他们重新成为活跃用户，并利用这些营销活动来降低用户流失率。

如果我们知道用户为什么会停止使用APP或服务，就可以开始制订召回计划。如果这些策略正中用户下怀，那不仅能够重新吸引"潜水"用户的关注，还有可能促使他们重新启用你的APP或服务。

下面，就让我们来了解一下这4个行之有效的用户召回策略，让流失用户重新使用你的APP或服务。

1. RFM 分析

RFM，即Recency（最近一次消费）、Frequency（消费频率）、Monetary（消费金额），RFM分析是一种基于用户使用产品的历史数据对用户行为进行细分的营销模型。

这些衡量指标能够通过用户分群识别优质用户，确定用户流失类别来采取合适的召回策略。

这种分析方式能够帮助营销人员解决以下问题。

- 谁是活跃度最高的优质用户（即高级用户）？

- 谁有潜力成为更有价值的用户？

- 哪些用户最有可能响应你的召回策略？

一旦营销人员对以上问题有了答案，就可以通过RFM分析来确定哪些用户有流失风险，可能需要对其开展召回活动。

RFM分析还能够帮助营销人员识别哪些用户是品牌的忠实拥护者，哪些用户的忠诚度最高，以及哪些用户可以有针对性地采取一些其他营销活动，例如用户回馈计划和促销活动。

2. 推送和邮件

消息推送和发送邮件也是召回用户的好方法。

向特定的用户群发送他们感兴趣的东西，比如内容型产品，推送用户感兴趣的视频、小说、音乐等。推送的背后是数据分析的支撑，因为挖掘用户真正感兴趣的东西，是需要基于用户过去大量的行为分析而提炼出来的。

另外一种常见的推送指的是优惠券等福利类的推送。直接告诉用户有某个优惠券限时特惠，这也是非常高效的召回方法。常见的是游戏及电商产品经常利用限时折扣的优惠券进行召回。

在采取邮件推送的营销活动中，你可以通过个性化策略来让你的订阅用户了解到你对他们的关注。在邮件标题中添加用户姓名，并在正文中表示你有兴趣了解他们的个人体验。你也可以利用用户数据，基于他们先前的购买习惯提供专属优惠。

3. 邀请用户填写反馈信息，并采取措施

用户反馈是影响企业或组织持续发展和不断改善的重要因素。

在开发一款APP时，每一项功能和元素都需要内部团队从实践方面进行多次讨论后才能确定。用户的反馈信息能够让你对整体的用户使用体验有新的见解，并找出需要改进的地方。

当收集反馈信息后，就要让用户知道他们的反馈是有价值、有意义的。如果你决定采纳任何修改建议，就要让用户知道你正在听取他们的意见。你可以在新功能发布信上加上一段感谢的话语，或者采取更进一步的措施，向用户发送个性化邮件，以便向用户表达你对他们花时间填写反馈信息的谢意。

4. 提供个性化服务

每位用户都希望自己的意见得到重视，提出的建议得到采纳。鉴于获取新用户需要投入高昂的成本，那么保留现有用户群绝对是进行商业营销的首要任务。

同时，还可以为用户提供个性化服务体验。指派专门的服务代表随时为用户提供疑难解答。为用户提供各种联系渠道，例如，服务电话、即时聊天或邮件反馈来确保所有用户能够轻松便利地联系服务代表。

7.7　总结

流失研究是一个系列过程，一个完整的流失研究不仅只是聚焦于寻找流失原因，还包含制定改进方案和挽留措施，以及实施和评估改进方案、挽留措施的效果。最后，分享一下在流失研究中笔者觉得较为重要的3个心得。

一是要仔细倾听。

第一层意思是尽量保持中立的态度倾听，因为我们获取的信息或多或少都会受到原有知识结构、情感、立场等背景信息的影响，这些背景信息往往可能使我们最终加工出来的信息与原始呈现的信息有差异。

在做流失研究的过程中往往会遇到很多对产品的否定和批评，我们要保持中立的态度去接收和理解，既不能下意识地忽略用户反馈的一些细微的负面信息，也不能出于爱之深而责之切的心态放大用户反馈的问题，只有真实客观地理解用户的问题才能帮助产品进行精准的优化。

第二层意思是我们不仅要倾听用户所表达出来的信息，还需要倾听用户想说而没说的、不知道怎么说的，或者用户自己都没有觉察到的心声。如果用户说他想要一匹更快的马，但若是真正听懂了他的心声，我们是不是可以更直接地给他一辆汽车呢？

二是要善于判断。

在与用户接触的过程中，我们除了获取用户对产品的大量"吐槽"，往往还会收到用户对产品的大量要求和建议。

我们绝对不能无视用户提出的要求和建议，每一条都应该仔细、慎重地对待，但在这个过程中不能被用户的各种要求和建议绕晕，一定要保持清醒的思维逻辑去分析用户每一次要求和建议背后的原因。

只有洞察用户的真实需求和痛点才能做出最优的设计和改进，而不是被用户的建议牵着走，误解了用户的真实需求。

三是要时刻关怀。

每一次和用户的接触过程，都是在进行品牌形象的建立和维护。用户和产品的接触点不仅是在使用产品的过程中，在用户看到我们投递的邮件，接到我们访谈的电话，在每一次与我们的沟通和交流的时刻都是在体验我们的产品和服务，在每一个接触点都要尽量让用户感到被重视、被理解、被关怀、被尊重。

第 **8** 章

从零开始完成数据分析项目

很多对数据分析行业或者工作感兴趣的人群,想了解实际工作过程中是怎样完整地做完一个数据分析项目的。

数据分析项目有完整的流程,每一个节点都需要把控好节奏,否则就会出现每次只分析一个点,或者是把控不了整体的数据分析进度,从而造成分析项目延误。

本章通过一个实战案例,从项目背景和问题的提出、分析的过程到结论的完整过程,展示了一线互联网公司的完整的数据驱动的案例。

这个案例真实反映了实际分析过程中遇到的重重问题、曲折的分析过程,以及作为数据分析师在面对这些问题时,如何与业务方沟通,如何解决这些问题。

8.1 项目背景

假如某直播类APP的业务团队的主要目标就是提升整体的营收用户规

模，他们需要不断提升整体的付费用户数。主要思路是希望能够把潜在的付费用户尽可能地转化为付费用户，保证足够的新增。另外一个思路是减缓付费用户数的流失，通过这两个思路来提升整体的付费用户数。

业务方希望数据分析团队可以通过数据分析方法帮助他们精准地找到潜在的付费用户，以及即将要流失的付费用户，从而针对这些用户采取优惠措施，极大地促进他们付费，从而提升整体的营收。

接到这个项目后，作为数据分析师应首先与业务方讨论，明确项目的目标和业务方需要数据分析师做的事情。

业务方向目标可能是提升付费用户数，那么预计要提升多少，则需要精确到具体的指标。付费用户数的提升，转化成数据指标后包括每天的付费用户数、每周的付费用户数、每月的付费用户数，需要精确到具体提升哪一个指标，同时需要详细了解业务的现状，比如目前付费用户数的增长和流失情况。

首先，针对业务方的目标和当下的增长情况，我们需要通过简单的数据分析，判断这个目标是否可以达到。

其次，针对业务方需要我们做的事情——精确挖掘流失用户和潜在付费用户，需要评估这个需求是否合理。因为业务方没有数据分析师的专业度，他们不清楚具体的数据情况，所以有时他们提的需求不一定是可行的。我们要从数据分析师的专业角度，评估这个需求是否可以通过数据分析的手段进行解决。

评估后，还需要与业务方沟通，了解业务方在挖掘潜在付费用户方面的建议，比如，他们认为付费的用户具有什么典型特征，流失的付费用户具有什么典型特征。业务方有业务的专业度，我们可以把业务方对用户的了解和思考转化成数据特征。同时，还需要了解一下业务方需要挖掘多少量级的潜在付费用户及流失用户。

8.2　制订需求分析框架和分析计划

明确好分析目标和需求后，针对业务的问题，要制订详细的分析规划和分析计划，精确地把控每一个环节的时间安排。

需求分析框架如图8-1所示。

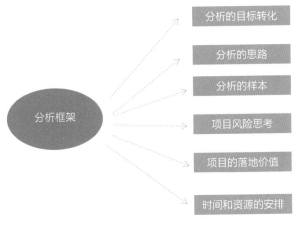

图 8-1

1. 分析的目标转化

再次明确目标，需要把目标转化成可以量化的数据，我们的目标是提高整体的付费用户数，具体策略是预测潜在付费用户数，以及即将流失的付费用户数，并且规划一个大概需要挖掘的用户数量的范围。

数据分析的核心目标，是如何通过数据科学的方法论来挖掘精准的潜在付费用户。

2. 分析的思路

分析的思路主要如图8-2所示。

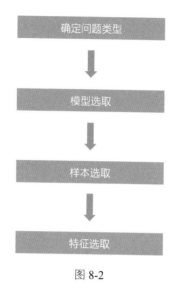

图 8-2

（1）确定问题类型。

我们需要挖掘潜在的付费用户，这属于预测类别的问题，所以潜在付费用户的挖掘主要会通过分类模型来预测（见图8-3）。

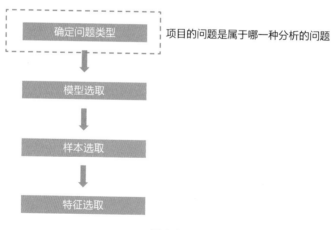

图 8-3

（2）模型选取。

常见的分类模型有很多，如SVM、KNN、逻辑回归等。我们的项目采用的分类模型是决策树，因为决策树更容易转化为业务方可以理解的业务规则（见图8-4）。

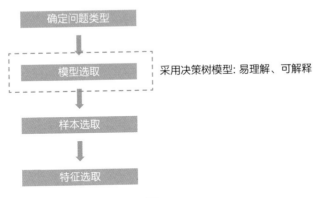

图 8-4

在实际工作中，经常会发现很多数据分析师，做了很多"高大上"的数据分析模型，也有很好的效果，但是很难解释给业务方听，业务方难以理解整个过程及结果，就很难让模型效果落地，对业务产生实际的价值。

（3）样本选取。

初步确定的模型构建的正负样本的时间跨度是1个月，将活跃的用户中，付费过和没有付费过的用户分别当作正负样本（见图8-5）。

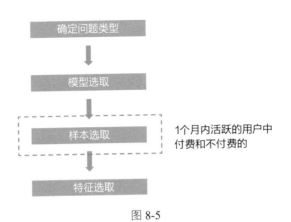

图 8-5

在模型预测的过程中，正样本通常指的是要预测的那个类别对应的样本，反之就是负样本。在分类模型训练时，我们都需要正样本、负样本，以及两种样本所对应的特征。

（4）特征选取。

特征的选择是模型搭建中非常重要的一个环节，好的特征选择会大大提高模型的稳定性及预测的准确率。

根据最开始和业务方的沟通，确定好可能与付费相关的行为特征和基础属性特征，作为决策树模型的输入特征，把这些特征都先列下来（见图8-6）。

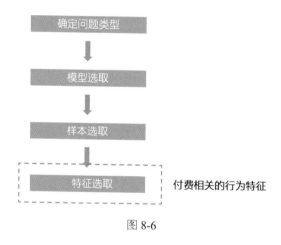

图 8-6

对于即将流失的用户可以通过用户的流失周期预测。确定好付费流失用户的定义，并且和业务方确认这种定义，然后通过拐点法找到用户的流失周期，再用流失周期确定即将要流失的用户。一个用户如果达到流失周期还没有发生付费行为，那么这种用户基本就可以当作流失用户。

3. 分析的样本

我们要预测潜在的付费用户数，以及即将要流失的付费用户数。因为潜在的付费用户的付费率低，所以我们可以在月活跃的用户中预测潜在的付费用户。同样,对于即将流失的用户的圈选,也是通过一个月的付费用户数,保证我们圈选的基数足够大,否则圈选出来的用户可能会太少。

如果圈选出来的用户过少,后面用礼包或者优惠券触达的用户就会更少,到后面转化成付费用户的就非常少了,基本上对业务的目标没有什么帮助。所以在最开始的环节中,就需要思考和确定好数量,保证最后的转化率。

4. 项目风险思考

作为一个数据分析项目,我们需要在分析规划中提前列出项目可能会面临的风险点,以及我们大概可以采取的策略,这样可以更好地把控一个项目的情况,避免后面手忙脚乱,不知道如何解决。

这个项目需要利用分类模型预测付费用户数。因为用户的付费数据非常少,从而导致我们能拿到的正样本(付费过的用户)很少,这样训练出来的模型可能预测并不精准。处理这种情况一般有以下两种方法。

一种方法是可以扩充正样本的数量,比如,我们可以跨度更长的时间提取,原来是从一个月内的活跃用户中提取付费用户数,如果太少了,就可以扩充到从3个月或者更长的时间周期去提取付费用户数。

另外一种方法,就是基于现在的正样本,从正样本数据中抽样出一部分数据,然后把这部分数据加到原来的正样本数据中去,这就有效扩充了正样本的数量。

5. 项目的落地价值

我们在这个项目中主要是通过数据分析和挖掘,精确定位出潜在的付费用户和即将流失的用户给到业务方。业务方基于这些目标用户,可以制定相对应的运营方法和策略,增加潜在付费用户的转化,以及减少付费用户的流失。同时,我们的分析还可以洞察付费用户的关键特征是什么,让业务方对付费用户具有的特点有一个全面的了解。

在流失周期方面，我们确定出来的流失周期可以让业务方了解现有的付费用户经过多久会流失，目前这种流失周期的时间是否正常，从而对整体付费用户的健康度有一个更全面的把控。

6. 时间和资源的安排

分别确定好项目的每一个环节所需要的时间和资源的安排，如表8-1所示。

表8-1

时间	分析进度
8.1—8.7	数据的提取和摸底
8.7—8.14	特征工程
8.14—8.21	初步搭建挖掘模型
8.21—8.27	完成分析报告和落地应用建议
8.27—9.4	制定具体的落地方案和评估方案
9.4—9.7	业务落地实验方案和效果评估
9.7—9.14	项目总结

8.3 数据的提取和摸底

这个阶段主要根据之前讨论的分析思路和建模思路，以及初步圈定的需要放到决策树模型中的行为特征来编写对应的SQL语句，通过SQL语句提取数据仓库中的数据。

在互联网公司中，特别是大型的互联网公司，数据一般按照一定的主题进行组织后放到数据仓库中。

一般来说,我们会根据数据层的数据表,对这些数据表的数据进行数据清洗、数据汇总,然后按照数据仓库的分层思想,比如按照数据原始层、数据清洗层、数据汇总层、数据应用层等进行表的设计,如图8-7所示。

图 8-7

数据原始层中表的数据就是上报的数据入库的数据,这一层的数据没有经过数据清洗处理,是最外层的用户明细数据。这里的数据上报指的是利用埋点技术提前在客户端埋好对应的点,这样用户在操作APP时,相对应的用户行为就会进行上报。

数据清洗层主要是将数据原始层的数据经过简单数据清洗之后的数据层,主要是去除(比如一天观看时长超过24小时、地域来自FFFF等)明显异常数据。数据清洗层的作用非常重要,否则后面的聚合数据有可能会遇到问题。

数据汇总层的数据主要是根据数据分析需求,针对想要的业务指标,按照一定的主题,将用户行为进行聚合,得到用户的轻量指标的聚合表。比如,针对这个我们分析的直播项目,可以按照用户的登录、订阅、观看、弹幕、送礼等分别聚合成一张表。

数据汇总层的作用是访问数据时,不用从底层的表开始,大大节省了计算的成本和时间。同时,这样的组织也可以让整个数据层看起来更加清晰。比如,可以快速求出一天的订阅总数、观看总时长、观看时长高于1小时的用户数、观看主播数高于100个的用户数等。

数据应用层主要面向业务方的需求进行加工,相比数据汇总层,数据应用层做了更高层次的聚合。这一层的数据表更多是面对报表的需求，比如，监控每天的登录用户数、每天的订阅数。

我们提取对应的数据后，需要对数据进行熟悉和摸底，了解对应的表的数据情况，包括字段含义、字段的计算口径及对应的业务意思。同时，找到无效数据、脏数据、错误数据，并且对这些明显的质量问题进行清洗、剔除、转换。我们在抽查摸底的过程中发现了数据存在的一些问题及解决的办法（见图8-8）。

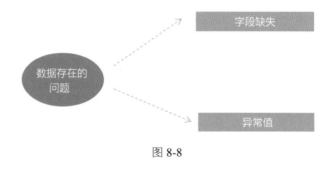

图 8-8

1. 字段缺失

我们通过对数据的摸底发现，有些字段如发送弹幕数的缺失值高达50% 以上，经过研究发现这些缺失值是因为上报有问题造成的。如果需要修改，就需要重新发版，所以就舍弃了这个字段。

当我们面对缺失数据时，首先需要知道数据缺失的原因。只有知根知底，才可以从容、正确地处理缺失值。不同的数据缺失有不同的原因，因此也应该有不同的解读方法和解决方法。比如，用户注册信息的年龄、性别等是空的，代表用户没有填写，但用户本身是有年龄和性别的。用户的某个操作行为，如观看是null 值，就代表这个用户没有发生观看行为。还有一些字段缺失的数据是因为计算不当，如涉及点击率的计算数据，分母有可能为0，但是没有处理，导致结果为null 值。

2. 异常值

异常值即是样本数据中的离群点，将那些明显与其他样本不同的数据视为异常值。异常值虽然数量较少，但是对于模型（对异常值敏感的模型）的影响很大，所以必须对异常值进行处理。

异常值的来源主要分为人为误差和自然误差，具体来说包括以下几类：数据输入错误、测量误差、实验误差、故意异常值、数据处理错误、抽样错误、自然异常值。总而言之，在数据处理的任何环节都有可能产生异常值。

最常用的检测异常值的方法是可视化，从可视化结果中发现离群点，从而发现异常值，具体可以使用各种可视化方法，如箱线图、直方图、散点图。

同时，还可以通过统计学的方法识别异常值（见图8-9）。

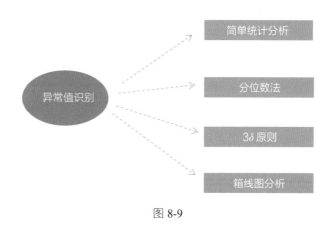

图 8-9

（1）简单统计分析。对属性值进行描述性统计，从而查看哪些值是不合理的。比如，对年龄属性进行规约：年龄区间设为[0:100]，如果样本中的年龄值不在该区间范围内，则表示该样本的年龄属性为异常值。

（2）分位数法。小于5%分位数或大于95%分位数的任何值都可以被认为是异常值，这种判定方法是比较粗糙的。

（3）3δ原则。根据正态分布的定义可知，距离平均值3δ之外的概率为$P(|x-\mu|>3\delta) <= 0.003$。这属于极小概率事件，在默认情况下，我们可以认定，距离超过平均值3δ的样本是不存在的。因此，当样本距离平均值大于3δ时，则认定该样本为异常值。当数据不服从正态分布时，可以通过远离平均距离多少倍的标准差来判定，多少倍的取值需要根据经验和实际情况来决定。

（4）箱线图分析。箱线图（Box plot）也被称为箱须图（Box-whisker plot），是利用数据中的5个统计量：最小值、第一四分位数、中位数、第三四分位数与最大值来描述数据的一种方法，它也可以粗略地看出数据是否具有对称性，分布的分散程度等信息。箱线图识别异常点的具体方法如下。

计算出第一四分位数（Q1）、中位数、第三四分位数（Q3）（见图8-10）。

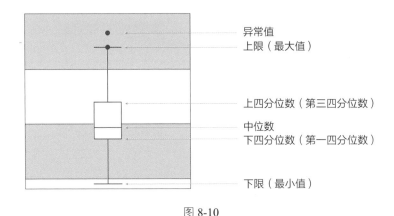

图 8-10

中位数就是将一组数字按从小到大的顺序排序后，处于中间位置（也就是50%位置）的数字。同理，第一四分位数、第三四分位数是按从小到大的顺序排序后，处于25%、75%的数字。

令 IQR=Q3-Q1，那么 Q3+1.5（IQR）和Q1-1.5（IQR）之间的值就是可接受范围内的数值，这两个值之外的数被认为是异常值。在Q3＋1.5IQR（四分位距）和Q1-1.5IQR处画两条与中位线一样的线段，这两条线段为异常值截断点，称其为内限；在Q3＋3IQR和Q1－3IQR处画两条线段，称其为外限。

处于内限以外位置的点表示的数据都是异常值，其中在内限与外限之间的异常值为温和的异常值（Mild Outliers），在外限以外的为极端的异常值（Extreme Outliers）。

箱线图选取异常值比较客观，在识别异常值方面有一定的优越性。

我们通过异常值的识别，发现一些用户一天观看时长达到了20个小时。一般来说，这有刷数据的可能性，会影响我们的判断。对于这种异常数据，可以直接去掉，保证剩下的时长的数据是比较可信的。

还有一些违反了正常逻辑的数据，比如，登录的次数为0，但是却有付费的行为。正常付费的行为是需要用户登录的，所以这些脏数据都需要删除。

做完数据的摸底和清洗工作后，就可以提取后面决策树建模需要的行为特征数据，包括登录、订阅、观看等行为数据，共60个左右的特征。

8.4　特征工程

8.4.1　什么是特征工程

特征工程就是将原始数据转变成特征的过程，这些特征可以很好地描述这些数据，并且利用它们建立的模型在未知数据上的表现性能可以达到最优（或者接近最佳性能）。从数学的角度来看，特征工程就是人工地设计输入变量X。

特征工程更是一门艺术，跟编程一样。导致许多机器学习项目成功和失败的主要因素就是使用了不同的特征。

8.4.2 特征工程的重要性

首先，数据特征会直接影响模型的预测性能。"选择的特征越好，最终得到的性能也就越好"这句话说得没错，但也会给我们造成误解。事实上，得到的实验结果取决于选择的模型、获取的数据及使用的特征，以及问题的形式和用来评估精度的客观方法。此外，实验结果还受到许多相互依赖的属性的影响，你需要能够很好地描述数据内部结构的好特征。

特征工程的重要性如图8-11所示。

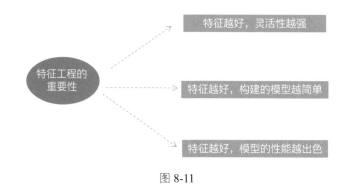

图 8-11

1. 特征越好，灵活性越强

只要特征选得好，即使是一般的模型（或算法）也能获得很好的性能，因为大多数模型（或算法）在好的数据特征下的表现性能都还不错。好特征的灵活性在于它允许选择不复杂的模型，同时运行速度也更快，也更容易理解和维护。

2. 特征越好，构建的模型越简单

有了好的特征，即便参数不是最优的，模型性能也仍然可以表现得很好，所以不需要花费太多时间去寻找最优参数，这大大地降低了模型的复杂度，使模型趋于简单。

3. 特征越好，模型的性能越出色

显然，这一点是毫无争议的，我们进行特征工程的最终目的就是提升模型的性能。

下面从特征的子问题来分析一下特征工程。

8.4.3　特征分布变换

特征分布变换是指通过对特征的处理来转换特征的分布，达到特定的分布。

在数据分析和挖掘实战中，由于原始的数据分布不光滑，偏态分布，会经常干扰模型的拟合，最终影响模型的效果和效率。

针对这种数据情况，我们一般会通过各种数据变换，使特征的分布呈现正态分布。常见的改善分布的变化方法如下。

（1）取对数。

（2）开平方根。

（3）取倒数。

（4）开平方。

（5）取指数。

8.4.4　生成衍生变量

生成衍生变量指的是对原来的特征数据通过适当的数学计算，产生更加有意义的新变量。比如，我们针对原始数据中的用户注册日期进行处理，用当前的时间减去用户的注册日期得到一个新的字段"用户的注册时长"。这个新的字段明显比原来的字段更符合模型的需要，而且更容易被业务方理解。

一般常见的衍生变量如下。

- 均值计算：月日均订阅次数、观看时长、弹幕次数等。

- 极值计算：最大/最小订阅次数、最大/最小观看时长、最大/最小弹幕次数。

- 比例计算：观看时长/在线时长的比例。

衍生变量的产生主要根据数据分析师对业务的了解及对项目思路的掌控程度，是数据分析师自己创造出的新产物。那么如何准确科学地创造出有用的衍生变量呢？

首先，需要和业务方沟通，业务方有很强的业务经验，我们可以把业务方的业务见解加工成衍生变量。

其次，数据分析师应该多进行各种衍生变量的尝试，从业务角度思考，什么样的特征可能和付费相关。然后联系原始的数据特征，思考如何将它们转换成我们需要的。

在实际工作中，原始的数据对模型的结果预测能力较差，但经过衍生变换后就会可能得到另外一个预测力很好的特征变量。

8.4.5　分箱转换

分箱转换指把区间型的变量转换成次序型变量，比如，针对用户的月登录天数，我们就可以把0～30的登录天数按照"0～9，10～19，20以上"划分，分成"低、中、高"3个级别的程度。

分箱转换的主要目的是，在建模中需要对连续变量离散化，特征离散化后，模型会更稳定，降低了模型过拟合的风险，比如，如果对用户年龄离散化，20～30作为一个区间，不会因为一个用户年龄长了一岁就变成一个完全不同的人。当然，处于区间相邻处的样本会刚好相反，所以划分区间时需要考虑到各种情况。

离散化后的特征对异常数据有很强的鲁棒性，比如，一个特征是年龄>30为1，否则为0。如果特征没有离散化，一个异常数据"年龄300岁"会给模型造成很大的干扰。

一般来说，常见的分箱方法有无监督和有监督分箱，其中无监督分箱分为等距分箱和等频分箱。

1. 等距分箱

从最小值到最大值，均分为N等份，如果A、B为最小值和最大值，则每个区间的长度为 $W=(B-A)/N$。

以上述的登录天数为例，假如最少的登录天数为0，最多登录天数为30，想要均分为三等份，则这里的A=0，B=30，N为3，就可以计算每一个区间的长度。$W=(30-0)/3=10$，则划分的区间就为[0-9]，[10-19]，[20-30]。这里只考虑边界，每个等份里面的实例数量可能不等。

2. 等频分箱

区间的边界值要经过选择，使得每个区间包含大致相等的实例数量。

还是以登录天数为例，假如登录天数在 0 ～ 30 之间的有100人，我们想要划分成 3个区间，每个区间有33个人，就可以按照这个条件去切出相对应的区间，比如[0-5]，[6-15]，[16-30]，这3个区间的区间长度不太一样，但每个区间的人数都是33人。

8.4.6　特征筛选

因为上一步的行为特征数量较多，所以我们要进行特征筛选。

筛选有效的输入特征是提高模型稳定性的需要，过多的输入变量很可能会带来干扰和过拟合的问题，导致模型的稳定性下降，模型的效果变差，所以一个稳定的、表现良好的模型一定要遵循输入变量少而精的原则。

筛选有效的输入变量是提高模型预测能力的需要，过多的输入变量会产生共线性的问题。所谓共线性是指自变量之间存在较强的线性相关性。

那么，如何判断特征之间是否具有线性相关性？

最简单、最常用的方法就是通过相关性分析的方法来判断特征之间是否具有相关性，相关性强的特征之间保留一个就可以。常见的相关性分析方法是Person 相关性分析，通常用Person 相关性系数来表示相关性大小，其描述对应的公式如下。

$$P_{X,Y} = \frac{cov(X, Y)}{\sigma_X \sigma_Y} = \frac{E((X-\mu_X)(Y-\mu_Y))}{\sigma_X \sigma_Y} = \frac{E(XY)-E(X)E(Y)}{\sqrt{E(X^2)-E^2(X)}\ \sqrt{E(Y^2)-E^2(Y)}}$$

分子是X与Y的协方差，分母是X标准差和Y标准差的乘积，这里的X和Y代表的是两个不同的特征。

相关性分析的具体原理和计算过程在第4章已经完整介绍过了，这里不再赘述。

利用相关性分析的方法分析出登录的天数和登录的次数、订阅的次数和订阅的天数都具有很大的相关性，所以我们只保留其中一个特征。通过筛选，最后保留了大概10个左右的特征。

需要说明的是，尽管有时Pearson 相关性系数为0，但也只能说明这两个特征线性关系不存在，不能排除特征之间存在其他形式的相关关系，比如曲线关系等。

尽管线性相关性是模型的变量筛选中最常用，也是最直观的有效方法之一，但是在很多时候，如果某个自变量和因变量的线性相关性很小，则可以通过和其他的自变量组合在一起而成为预测力很强的自变量。因此，在挑选输入变量时，应该多尝试不同的特征选择方法。

8.5　初步搭建挖掘模型

上面我们已经通过特征工程做了特征筛选，过滤掉线性相关性强的特征，接下来就是搭建模型了。在该阶段主要的工作内容如下。

进一步筛选模型的输入变量。最终进入模型的输入特征应该遵循"少而精"的原则，这是为了提高模型的稳定性。所以，这里要利用一些模型自带的特征筛选的功能，比如，决策树本身可以根据计算特征的重要性来筛选。

整体流程如图8-12所示。

按照上面的流程，我们会构建好一个付费预测的决策树模型，决策树模型相比其他模型来说具有更好的解释性。

一般在做模型预测时，会采用多次交叉验证的方法来验证模型预测的准确率。如何做交叉验证呢？

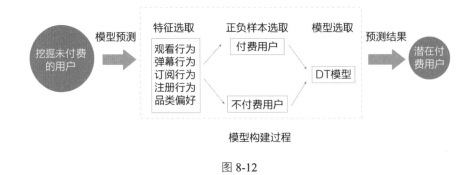

图 8-12

　　假如，我们现在有一批用户数据，将这批数据五等分，每次随机抽取其中的四份作为训练集，剩下的一份作为预测集。然后每次都训练一个模型进行预测，比较预测结果的稳定性。

　　一般来说，模型要达到AUC =0.8 以上时才具有比较好的效果，所以常见的模型搭建的过程需要不断优化模型。常见的决策树出现的问题是过拟合，相对应的处理方法就是剪枝。

　　根据决策树模型可以得到如下付费用户具有的特征。

- 30天内发送弹幕次数大于99次小于423次，并且30天内新增订阅主播数大于16个。

- 30天内发送弹幕次数大于424次，并且发送弹幕天数大于4天。

　　得到这个特征，我们有什么应用的地方呢？ 因为我们的目的是挖掘潜在的付费用户，所以可以根据模型得到的付费用户具有的特征来定向圈选用户。

8.6　完成分析报告和落地应用建议

　　在上述模型搭建的基础上，提交给业务方一份详细的项目结论和应用建议。内容如图8-13所示。

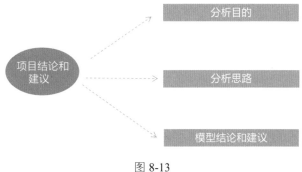

图 8-13

1. 分析目的

专题分析报告要写清楚此次分析主要是为了解决业务的哪一个问题，包括业务的目标和转化为的数据目标，比如，本章所举例的项目，分析目的是挖掘潜在的付费用户。

2. 分析思路

描述清楚用什么方法和思路来解决付费用户的预测问题，这个方法是什么，以及是如何应用的。

我们整体的方法是构建一个决策树模型，利用用户可能付费的特征作为输入，让模型学习付费用户的特征，这个模型就可以进行归纳总结，挖掘出付费用户具有的典型特征。

3. 模型结论和建议

模型的结论应该与业务结合，比如，通过模型的预测挖掘发现付费用户具有×××特征，针对这个结论，业务可以采取什么样的措施。

针对整个分析，给出的建议是可以针对模型得到付费用户的特征，圈选满足这种特征的用户进行礼包或者优惠券的定向投放，提高用户的转化率。

8.7 制定具体的落地方案和评估方案

经过和业务方讨论，最终确定的方案如下。

首先，利用模型得到的特征定向提取用户 100 万人左右。为了验证礼包券对用户付费率的转化效果，需要利用 A/B 测试验证。

A/B 测试指的是为同一个目标，设计两种方案，将两种方案随机投放市场，让组成成分相同（相似）的用户随机体验两种方案之一，根据观测结果，判断哪个方案效果更好。

然后，把这 100 万个用户分成两组，一组为对照组，一组为实验组，对照组的用户量为 20%，实验组的用户量为 80%，利用 A/B 测试来验证。对照组的方案是保持没有任何投放优惠券的策略，对应的实验组的方案是定向投放充值优惠券，如图 8-14 所示。

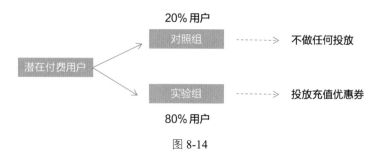

图 8-14

在做分组时，需要保证 A 组和 B 组的用户付费率是相近的，没有明显差异。同时，需要设计好评估指标，因为我们的目标是提高用户的付费率，所以就用这个指标作为第一评估指标，第一评估指标一般可以直接评估这个策略的好坏。

除了第一指标还有其他指标需要监控，如用户的活跃天数、时长等指标，因为在付费率提升的同时，也要保证其他指标没有明显的波动，这样才不会损害到用户。

所以，在设计实验指标时，需要考虑到"简单、科学、完整"3个原则。

8.8　业务落地实验方案和效果评估

通过A/B测试的数据观察和分析，我们发现本次利用优惠券转化潜在用户取得了明显效果（见图8-15）。

在实验指标的观测过程中，为了尽量避免这个提升是由随机误差引起的，除了要看指标的相对提升，一般情况下还需要观察这个提升所对应的 p 值。

组	用户数	是否充值	提升
对照组	200000	0.073	—
实验组	800000	0.094	28.51%

图 8-15

实验的数据是看整体用户的效果，一般情况下，我们都会针对实验的用户做进一步拆分，比如，把对照组和实验组的用户按照活跃度进行划分，划分成低活跃度、中活跃度、高活跃度的3种用户群体，然后对比3类用户群体的指标差异，这样就可以对比出我们挖掘的潜在付费用户，优惠券的转化效果对于不同活跃度的差异。

8.9　项目总结

在项目初始阶段充分与业务方沟通需求，可以更好地理解业务方的痛点。

　　数据分析师应该评估需求的合理性，然后把需求转化为数据可以解决的问题。同时采取对应的数据分析方法或者搭建对应的模型来解决业务问题，这样才可以发挥出数据的价值。

　　本次项目的整个过程和结果坚定了业务方的信心，对推动数据分析结论的落地具有很大的帮助。

第 **9** 章

关于数据分析师常见的困惑和问题

9.1 为什么数据分析师找工作这么难

虽然数据分析师的岗位层出不穷，市场对于数据分析师的需求量非常大，但很多人在应聘数据分析师的过程中会发现找工作非常难，这主要是因为：数据分析师竞争大；面试者很多不懂业务；应聘者的简历和面试技巧不完善（见图9-1）。

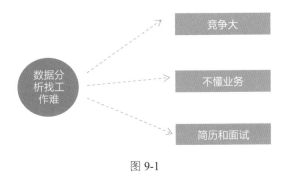

图 9-1

9.1.1 竞争大

随着大数据越来越火热，越来越多的人开始学习数据分析。

偏技术类的数据分析师需求已经连续3年有所下降，这与很多企业的数据化建设有很大关系，很多已经有了一定成效，基本的业务数据已实现了自动化。

现在越来越多的学校开始开设数据相关的专业，还有之前的统计学、数学、应用统计学等专业的学生毕业以后也会寻找数据分析相关工作，校招的竞争难度逐年加大。

9.1.2 不懂业务

随着转行做数据分析师的人越来越多，大量拥有计算机、统计、软件工程背景的新人涌入行业，强行促进了行业升级。现在大公司对数据分析师有3个层次的要求（见图9-2）。

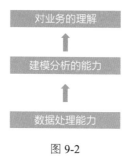

图 9-2

首先，数据处理能力，包括使用Hive、SQL 熟练地从数据仓库中提取数据并清洗。

其次，建模分析的能力，掌握机器学习和深度学习相关知识。掌握不等于简单了解，而是能明白数学原理、适用场景、优缺点，以能看懂统计学习方法为及格线。

再次，对业务的理解。随着大公司的数据分析系统越来越完善，简单的查数分析工作很快就会自动化完成，产品和运营人员自己拖曳模块就可以完成基本功能。

数据分析师的价值必须在业务中得以体现，数据分析师需要对负责的产品、行业逐渐产生洞察和经验，能够自驱地提出业务需求，完成分析并提供给产品、运营人员能够执行的决策。

很多人在找工作时一直在强调自己的工具用得很熟练，这其实忽略了数据分析的本质。数据分析的本质就是用数据来解决业务的问题，所以核心要求是需要一定的业务经验积累。

9.1.3　简历和面试

简历方面，很多应聘者没有完整的项目经验，或者所做项目很难看出成果。这就造成面试者在筛选简历的过程中，无法知道应聘者在项目中所起到的作用。简历中的项目应该写清楚项目的目标、项目的成员数、项目采用的数据分析技能、项目的结果（需要用数字量化）。

在面试方面，很多应聘者不了解数据分析考察的点，不知道面试的问题在考察什么，也不知道该如何去准备面试，没有系统梳理数据分析的知识点及面试技巧，所以尽管面试了很多家公司，成功的却很少。

9.2　数据分析师的专业选择

有很多读者可能正在读大学，想要毕业以后从事数据分析相关的岗位，不知道如何在大学中选择一个适合做数据分析的专业。

常见的适合从事数据分析工作的专业如图9-3所示。

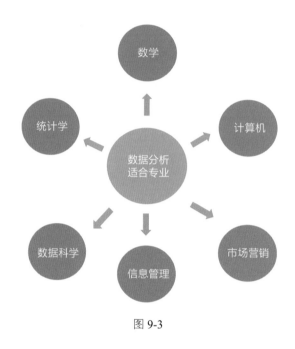

图 9-3

1. 统计学

统计学贯穿数据分析的全过程，没有统计学基础，很难有专业的数据分析能力。数据分析的各个步骤，都要用到统计学知识。和数学相反，统计学是个被名字拖累的专业，会让人严重低估它本身的专业性，其实统计学是很适合做数据相关工作的。

2. 计算机

数据分析需要用到很多工具和编程语言，比如SQL、Python或者R。SQL 主要用来从数据仓库中提取数据，Python 或者R 主要是用来做数据处理及分析，以及常见的机器学习建模。如果你是计算机专业毕业，在编程方面更占优势，在使用工具时，上手更快。

3. 数学

随着科学技术的发展，数学专业和其他专业的联系也越来越紧密。数据分析师需要有专业的数学功底和严密的逻辑思维，而严密的逻辑思维也来源于扎实的数学功底。

4. 数据科学

作为交叉型学科，数据科学的相关课程涉及数学、统计和计算机等学科知识。这个专业本身就融合了数据分析所需要的多个学科的知识，是非常适合数据分析师学习的专业。

5. 信息管理

信息管理专业主要对各种"系统"进行分析、设计与实现，是技术与管理的有机结合。学习内容包括财务、系统数据分析、IT技术，可以说信息管理专业非常适合数据分析师职位。

6. 市场营销

数据分析师经常要为企业的营销决策提供支持，这就要求懂营销。具有营销背景的数据分析师思路会更清晰、更开阔。做竞品分析时，会想到波特五力模型；做环境分析时，会想到PEST模型；做消费者偏好分析时，会想到科特勒用户决策流程。

9.3　数据分析师面试流程

数据分析师的就业前景广阔，发展方向多样。越来越多的人开始走上数据分析师道路。在面试数据分析师的过程中，很多应聘者因为不了解数据分析常见的面试题，回答并不完美。

数据分析师常见的面试问题有自我介绍、项目简介、数据分析工具、统计学与及其学习算法等（见图9-4）。

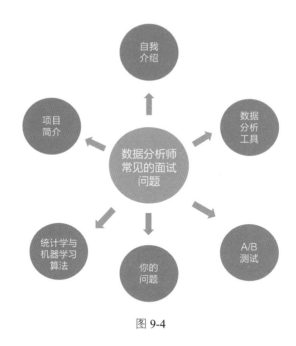

图 9-4

1. 自我介绍

自我介绍是为了让面试官快速了解你，基本上所有岗位的面试都会有这个环节，主要介绍毕业学校、专业、工作经历，以及工作内容。重点突出你的核心能力，为什么适合做数据分析，你在数据分析上有什么特别优势，如果做过完整的数据驱动的项目在这个环节可以提一下。

在自我介绍时，一定要放慢速度，因为要让面试官对你的大概情况有一个了解，同时可以更好地组织语言，回答时可以借助"我做过两个数据分析项目，第一个是×××，第二个是×××"这种表达方式，显得逻辑思维清晰。

可以借鉴的范例如下。

我叫×××，毕业于中山大学应用统计学专业，辅修计算机专业。之前是在阿里巴巴负责淘宝专项的数据分析工作。主要的工作内容有3个方面。

第一个是搭建淘宝用户侧的数据体系，包括数据埋点上报、数据指标设计、数据报表制作。熟悉掌握了数据体系搭建的完整过程和方法论。

第二个是用户的专题分析，包括用户购买行为的专题分析、用户留存的专题分析、用户活跃的专题分析等。掌握常见的数据分析方法论，并熟悉业务问题分析的完整流程。

第三个是数据产品的设计，包括数据看板工具、数据分析工具，最终设计的数据产品工具极大地提高了数据分析的工作效率。

2. 项目简介

简历中的项目经历基本是必问的，回答时主要按照以下的思路介绍（见图9-5）。

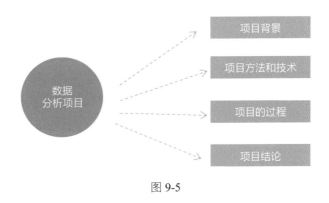

图 9-5

- 项目背景，这个项目的目标是什么，为了提升什么，优化什么。常见的项目目标有提高用户留存率等。

- 项目方法和技术，这个项目用什么数据分析方法，用了什么工具等。要在项目的描述中体现我们解决实际问题时运用的数据分析方法，并且描述清楚为什么用这个方法，其他方法是否可以。

- 项目的过程，介绍清楚整个项目的流程，和哪些不同部门的成员一起合作，每个人的分工合作是怎样的。

● 项目结论：结果的提升，比如用户留存率提升了30%。

可以借鉴的范例如下。

面试官你好，我有过完整的数据驱动的项目经历。这个项目的背景和目标是：某社交产品的用户留存率一直比较稳定，业务方想要我们分析用户留存率的关键因素，看是否可以上线对应的策略来提高整体的用户留存率。

首先，利用Hive、SQL从数据仓库中提取可能和留存相关的行为特征。然后，利用Python实现相关性分析的方法，把这些行为特征和留存行为进行相关性分析，挖掘出和留存最相关的行为特征。

因为相关不等于因果，所以我们利用因果推断的方法把这些相关行为和留存的关系进行推断分析，分析这些行为和留存之间是否存在因果关系。

挖掘出影响留存的结果行为以后，就进行Aha时刻的挖掘，也就是用户在这些行为上达到一个什么样的程度会影响到留存。

最后发现用户一个星期加5个好友会大大促进留存，所以策略就变成了如何促进用户加好友。我们在用户好友的推荐上尝试了多种推荐机制，提高了用户加好友的个数，用户的留存率提升了30%（相对值）。

3. 数据分析工具

数据分析工具的考察也是必不可少的，特别对于经验较少的数据分析师。

常见的数据分析工具考察，一般会根据你使用的工具进行询问。基础的数据分析工具是SQL，是必须的编程语言，SQL考察如何进行取数及基础的数据处理工作。此外，还有Python、R语言等。

4. 统计学与基础机器学习算法

统计学主要应用于A/B测试中，掌握统计学的知识可以更科学地进行

A/B测试。需要重点掌握的统计学知识如下。

（1）基本的统计量：均值、中位数、众数、方差、标准差、百分位数等。

（2）概率分布：几何分布、二项分布、泊松分布、正态分布等。

（3）总体和样本：了解基本概念，抽样的概念（在面对大规模数据时，知道应该怎样进行抽样分析）。

（4）置信区间与假设检验：如何进行验证分析（可以应用假设检验的方法，对一些感性的假设进行更加精确的检验）。

（5）相关性与回归分析：一般数据分析的基本模型（利用回归分析方法，可以对未来的一些数据、缺失的数据进行基本的预测）。

机器学习算法主要用于解决一些预测类型的问题及用户分群的问题。

常见的预测类型问题有预测一个用户是否会付费、是否会活跃、是否会流失、是否会参加某个活动、是否会点击某个按钮。

常见的用户分群问题主要是配合公司的精细化运营策略。通常业务方希望对现有的用户进行科学的分群，然后针对每一个细分的群体采取相对应的运营策略，常见的分群方法有聚类分析。

基础的机器学习算法：分类算法，如决策树、逻辑回归、KNN、SVM、随机森林；聚类算法，如k-means、DBSCAN；时间序列算法：如Arima、差分 。

5. A/B 测试

需要掌握A/B测试的原理，主要涉及上面介绍的概率论和统计学的相关知识，如假设检验、中心极限定理、大数定理。常见的问题如下。

（1）A/B测试中的假设检验原理是什么？跟A/B测试结合的是什么？

（2）如何选择实验的样本量？

（3）指标的提升怎么判断显著性？

（4）A/B测试一般做多长时间？为什么？

（5）AA实验怎么做，怎么判断AA实验做得科学？

（6）A/B测试主要的应用场景有哪些？

6. 你的问题

一般正规的面试到最后都会问这个问题，比较好的回答是"我之后工作的主要内容是什么？""我要加入的团队主要负责什么工作？"表现出你对面试岗位的关注，切忌问公司待遇、薪资等敏感问题。

9.4 数据分析师最重要的能力

数据分析师的核心能力主要包括讲故事、判断项目ROI、业务深度、信念、热情，以及换位思考（见图9-6）。

图 9-6

9.4.1　讲故事

数据分析师的能力，用影响力来说，大概分为下面几个等级（见图9-7）。

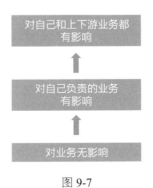

图 9-7

（1）对业务无影响。比如负责取数据、做报表，这个层次的数据分析师停留在被动取数阶段，和业务方的沟通交流局限在取数上。

（2）对自己负责的业务有影响，如通过数据分析，在职责内做出更优的决策，但对整个业务线没有大的影响，和业务方有一定的沟通。

（3）对自己和上下游业务都有影响，相比（2）更广泛，比如通过数据分析，促进多个业务方合作，达到彼此的业务目标，和多个业务方都有一定的沟通，并且能够很好地向业务方传达结论和想法。

从上面可以看出，数据分析师想要实现价值，就是逐渐向上的过程，而这个向上，是通过讲故事实现的。高级的数据分析师不是会多少花式的技能，而是在做一个数据分析专题分析展示之前，要讲一个什么样的故事。比如，针对用户留存的专题分析。就是要向业务方介绍，目前所遇到的留存问题的痛点是什么，需要把这个痛点说清楚，最好是用数据来量化。然后怎么把这些痛点转化为数据可以解决的问题，针对这些问题，在数据分析上可以采用怎样的方法来解决，以及这些方法的原理是怎么样的，为什么这些方法可以用来解决这个问题，最后怎么利用数据分析方法进行拆解和分析，得到结论。

这个过程可以更好地让业务方理解我们是怎么面对业务的问题然后通过数据分析来解决的，而不是从开始就直接讲了很多数据分析方法，结果业务方完全不懂，也就失去了一个专题数据分析最大的价值。

完整的故事线，会让数据分析专题报告更有说服力，更深入人心。

9.4.2　判断项目 ROI

数据分析师在接到数据分析项目之前，不是马上上手去做，最重要的是面对众多的数据分析项目，需要能够判断这些项目的ROI（投资回报率）。

简单来说，就是在做一个分析之前，需要能够充分了解自己预期投入的时间是多少，有多少可以调动的资源，想要的产出是怎样的，这个产出能够给业务带来多少增益。

为什么需要有判断项目ROI的能力呢？

因为在实际的数据分析工作中，通常都会面对多个业务方的需求，业务方想要我们快速响应每一个需求，但是我们的时间和精力有限，如果同时并行多个数据分析项目，最后可能一个项目都没有好的产出结果，而且会耗费大量的精力和时间。

所以，面对多个数据分析项目时，我们需要选择最有性价比的项目来开展，这样才可以保证价值最大化。

9.4.3　业务深度

什么是业务深度？体现在你是否对所负责的业务有深入的理解，作为数据分析师，要做到和产品经理一样懂用户、懂逻辑。懂得每一个功能诞生的意义，懂得用户的需求痛点、价值点、差异点，懂得业务的逻辑，是什么、为什么、怎么做。

那怎么才能做到呢？

- 从产品经理中来，到产品经理中去。

- 从用户中来，到用户中去。

我们要保持定期和产品经理及其他业务方沟通，沟通什么呢？

在产品功能设计阶段，要和产品经理讨论产品功能设计的逻辑，讨论产品功能背后的意义，了解每一个功能的设计主要是为了解决用户什么需求，这些需求是否可以用数据体现出来。

在用户特征的摸索阶段，主动帮助产品经理分析用户画像数据和行为数据，帮助业务方更好地了解用户，更好地做好用户定位。

了解未来的规划，功能和产品的模块未来的大概方向是怎样的，这些方向的决策当下是否可以用数据来解决，这可以更好地补充经验决策带来的不足，加大数据驱动决策的科学化。

9.4.4　信念

信念指的是我们在做数据分析的过程中，要坚信，大多数时候数据的背后一定有值得提炼的规律、结论等。

坚信数据背后一定隐藏着有价值的商业规律、用户行为规律、发展的趋势规律。只有具备了这个坚定的信念，数据分析师才能在面对众多的数据分析问题时，可以百折不挠，坚持下去，直到得出一个有价值的结论。

信念是指南针，让数据分析师面对数据不迷茫；信念是定心丸，让数据分析师面对数据有底气。

但是信念不等同于固执坚持。比如，针对用户的流失行为规律的挖掘，我们开始可能会假设用户行为和用户流失之间存在一定的规律，但是从数据分析结果来看，他们的行为并不能表现出相对应的规律。这时我们不能因为信念就坚持这些用户行为就是存在和流失相关的行为规律。

固执坚持会造成错误的结论，数据分析结果才是最科学的，虽然有时可能会很大程度打破最初的设想，但这就是数据的科学和价值。

相反，我们应该给业务方一个真实的反馈——用户的这些行为确实和流失没有相关性。这对于业务方来说同样也是一个有价值的结论。

要成为一个优秀的数据分析师，首先要培养自己对于数据的信念。只有具备对数据分析的信念，才可以在数据分析的道路上坚持下来，并且保持着浓厚的兴趣。

9.4.5 热情

有了信念还远远不够，因为当我们坚信能够挖掘数据背后的规律时，还需要投入足够的时间和精力到数据分析的实际项目中，这样才可以挖掘相对应的数据价值，需要我们对数据分析具备充分的热情，并且这种热情应该是持久的。

热情可以让我们愿意花足够多的时间到数据分析中去，去做各种不同业务问题的专题分析，尝试不同的数据分析方法在同一个业务问题中的应用，去学习业界先进的数据分析方法和数据驱动的方法。

跨部门沟通需要热情。数据分析的价值需要落地，需要跨多个部门进行沟通，如果我们对数据分析没有热情，就不愿意花时间来跨部门沟通。在沟通中可能会遇到重重障碍，热情可以让我们坚持下来。

数据分析师的成长需要热情。数据分析师在成长的过程中，特别是初入职场的数据分析师，保持着热情的态度才会更愿意学习一些资深同事的数据分析能力，才可以更好地学习和成长。如果没有学习的热情，只会在原地踏步，这对成长来说是极为不利的。

9.4.6　换位思考

数据分析的项目是跨专业、跨团队、跨部门的合作，换位思考指的是要从业务方的角度思考数据分析和挖掘的应用价值。

另外，要从同行的优秀的数据分析项目中思考数据分析师如何贯穿整个项目，并且发挥出它的价值。

在互联网时代，数据分析师如果没有养成换位思考的习惯和态度，则很难抓住业务方的需求，也很难和其他相关部门很好地合作。最后造成的结果就是尽管做了很多工作，但是没有解决业务方的需求，同时也造成精力和资源的浪费。

9.5　常见的数据分析师的困境

数据分析师在职场中都会经历过一段困境，特别是初入职场的数据分析师，这时他们对于数据分析的价值没有清晰的认识，大多时候处于被动的角色。

常见的困境有取数困境、报表困境、落地难困境、成长困境（见图9-8）。

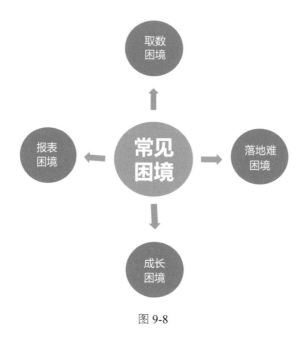

图 9-8

9.5.1　陷入取数困境

新入行的数据分析师会发现，自己的日常工作就是不断取数，感觉自己就像个取数机器人，根本没有时间做分析。

为什么会有这么多的取数需求？

首先，因为业务本身处在高速发展阶段，不断有新的业务、新的功能，就会有新的数据需求。每个业务涉及多个功能，每个功能涉及多个维度的数据，比如有活跃相关的、留存相关的、体验相关的、付费相关的、用户行为相关的。对数据的需求非常大。

其次，业务方经常针对一个业务问题，想要提取相对应的数据来帮助解释和决策。如果没有想清楚他们的目标对应的数据需求是什么，就会造成反复取数的困局，反复取数既浪费了时间也造成没有价值的取数。

还有，业务方的数据需求通常没有系统性，属于想到一个提一个需求，这就造成一次可以提取完成的数据有时要提取很多次。

如何解决这种问题呢？

首先，发挥自身的主动性，从被动接收数据需求，转变为主动了解业务的需求，帮助业务方从数据方向梳理业务所需要的数据指标及数据需求。

其次，利用数据分析师的专业性，提前帮助业务方搭建可能会用到的数据体系，帮助业务方提前设计数据指标，这些数据指标应该涵盖多个功能、多个维度，基本做到能够涵盖基础的数据指标需求。

这样就可以把简单的数据需求转化成报表就可以解决的，业务方也不用每次一个简单的数都得找数据分析师来提，也减少了一部分提数的需求。

同时，当业务方真的需要某个数据来帮助他们解决某个业务问题时，我们不要被动地接需求，而是要分析他们要的这个数据是否可以帮助他们得到结论，有没有其他更好的数据，我们要主动与业务方沟通，这样可以很大程度上改善反复取数的困局。

9.5.2　陷入报表困境

初入职场的另外一个困境就是天天做报表。很多报表做了没有人看，但业务方提了很多报表需求，同时做完这些报表也不知道如何发挥报表的价值。

很多报表的需求和取数需求一样，也是随着业务的发展必不可少的，主要是业务方希望可以快速看到数据，所以希望把所有可能需要的数据都放到报表中。

除了正常的业务发展需要，也有因为业务方的一些问题而造成重复做报表的需求。常见的问题如下所示。

（1）没有系统规划指标。有一部分报表需求是因为业务方没有系统规划好关注的指标体系，造成每一个报表都涵盖不了业务方需要的数据，需要持续地增加报表。系统规划报表需要业务方了解他们所关注的，以及可能需要关注的完整指标。

（2）计算口径修改。每一个指标都对应一个计算口径，业务方没有严谨定义所有指标的计算口径，这就造成一些指标的口径很容易出问题，有些报表的指标对应的计算口径也不清楚，这就需要反复修改，所以需要重新计算指标。

（3）上报的数据问题。某个埋点上来的数据出现了很多脏数据，因为数据上报的修改涉及发版本，需要经过一个较长的时间周期。这样的时间周期业务方通常是不接受的。

针对这些问题，如何解决报表的困境？

（1）主动帮助业务方规划指标。从数据分析师的专业性出发，了解业务方需要的指标体系，然后完整梳理指标。保证指标体系做到科学化、完整化、体系化、规范化。同时，为了发挥报表的价值，针对已经完成的报表体系，我们要定期监控指标的走势，提前帮助业务而主动发现问题，并且主动完成专题报告，报表应该包括指标异动的原因是什么，以及我们的解决方法是什么。

报表本身的价值不是只局限在监控数据，更大的价值应该是从数据当中挖掘机会，以及发现业务问题，所以从报表数据到有用的专题分析的转化是解决报表价值的方法。

（2）确定好计算口径。每一个报表的指标都需要和业务方对齐计算口径。遇到模棱两可的计算口径，应该让业务方反复确认，同时也应该给出自己觉得比较科学的计算口径。

（3）过滤脏数据。数据分析师在计算过程中将新出现的脏数据过滤掉。

9.5.3　陷入落地难困境

数据分析的结论不能落地，是很多数据分析师的痛。数据分析师从被动提数，再到主动分析、洞察，最后结论落地。这是一个很长的过程，有很多技巧、方法，以及步骤可以帮助我们把分析结论让业务方接受，从而落地驱动业务增长。

下面分享给大家笔者的几点经验（见图9-9）。

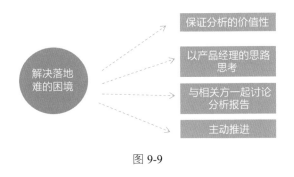

图 9-9

1. 保证分析的价值性

在做一个分析报告之前，我们需要跟产品方或者业务方沟通，了解他们现在的痛点。做正确的事情很重要，沟通好需求，把他们的痛点转化为数据可以解决的问题。

这就保证了我们分析的问题是有价值的，只有做业务方最关注的事情，我们的分析结论他们才会更感兴趣。比如，他们最近比较关心用户留存率，那么就要重点分析用户留存率问题，虽然其他问题，比如付费用户的增长你也发现了分析的必要，但目前可能不是业务方最关心的问题。

接下来就要保证分析的思路和结论是有价值的。比如，针对用户留存率低的问题，需要通过专业的数据分析方法解释，针对留存进行专题分析，除了描述好现象，一定要给出相对应的建议，同时保证我们的每一个建议都是有数据支持的。

2. 以产品经理的思路思考

当做完数据分析报告时，需要以产品经理的思路自己先看一遍数据分析报告。我如果是产品经理，在看到这个报告时会发现哪些漏洞？

我如果是产品经理，这个报告有没有解答用户留存率的问题和原因？

我如果是产品经理，这个报告的结论是否已经是我已经知道的，根本没啥价值？

我如果是产品经理，这个最后优化的结论是否可以落地执行？

3. 与相关方一起讨论分析报告

做完数据分析报告以后，落地之前，需要与相关方一起讨论分析报告，比如这个项目对接的产品经理及产品经理的领导、你自己的领导（认可你的分析）、相关的开发人员（你的策略实现是否有开发难度）。

在这之前，最好先与你自己的领导单独讨论一次，一般来说，我们自己的领导会给我们一些建议，同时可以提前发现一些问题。还可以保证整体思路更顺，最后与业务方讨论时思路会更顺利。

在讨论分析报告的过程中，针对业务方的疑问要及时记下来，如果当场不能解答，就需要在会后及时给他们答复，这种问题千万不能拖！

4. 主动推进

分析报告在进过多方讨论后，大家都觉得没问题，就到了一线的执行阶段了，这时可能会涉及多个部门，如运营和开发部门，这些落地方案对他们来说并没有什么收益，反而会增加他们的工作量。

一般来说，我们可以请对接的产品经理去提需求，然后建群，主动推进开发与运营人员，查看相关进度。

9.5.4 陷入成长困境

不是每一个公司都有系统的培训机制，所以很多进入职场的数据分析师可能会面临无法成长的困境。

一直都在做数据分析师，但是做了几年发现，除了更加熟练地操作数据分析工具，数据分析的整体水平并没有提升，也没有系统、完整的项目经验。

团队内部没有分享的机制，小组成员基本也都是做着取数及报表的工作，对于数据分析建模、数据分析的价值，以及数据驱动业务都没有经验。

这样的数据分析师空有工作经验，但是本质的能力没有得到提升，这样在市场上的竞争会很弱。